# 西はりま天文台の星空日記

世界最大の公開望遠鏡「なゆた」
　で見る星の世界へようこそ！

大島 誠人

口絵 1-1 西はりま天上台の敷地内で撮影した夜空の写真
夜空（上）、冬の夜空（下）

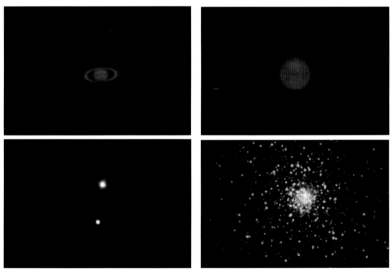

口絵 1-2 なゆた望遠鏡にデジタルカメラを取り付けて撮影した天体の写真
土星（左上）、火星（右上）、はくちょう座アルビレオ（左下）、
球状星団 M13（右下）　いずれも著者撮影

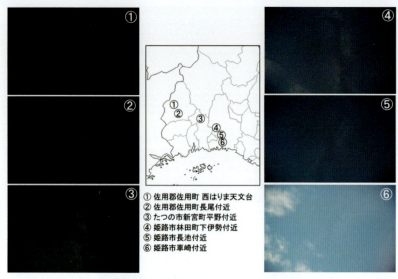

口絵1-3 姫路から佐用に向かう道筋ぞいで撮影した天の川（夏の大三角付近）

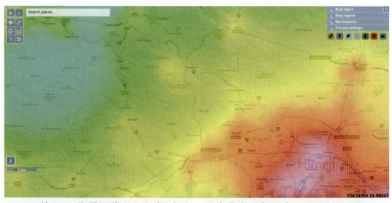

口絵1-4 衛星画像から作成された、兵庫県南西部の空の明るさの地図

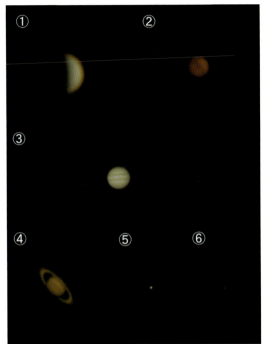

口絵 3-1 なゆた望遠鏡を用いて撮影した太陽系の惑星。
①金星、②火星、③木星とその衛星、④土星、⑤天王星、⑥海王星

口絵 3-2 なゆた望遠鏡で撮影した二重星。(左上) うしかい座のプリケリマ、
(右上) はくちょう座のアルビレオ、(左下) アンドロメダ座のアルマク、
(右下) おおいぬ座のシリウス

口絵 3-3 なゆた望遠鏡を用いて撮影した星団。
（左）散開星団 M37、（中）散開星団 h 星団、（右）球状星団 M13

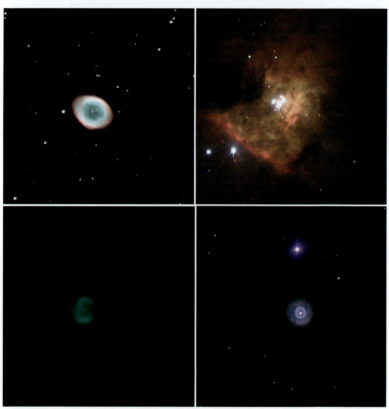

口絵 3-4 なゆた望遠鏡を用いて撮影した星雲の写真。（左上）リング星雲、
（右上）オリオン大星雲、（左下）ブルースノーボール、（右下）ライオン星雲

口絵 3-5 なゆた望遠鏡を用いて撮影した銀河の写真。
（左）おおぐま座 M82、（右）くじら座 M77

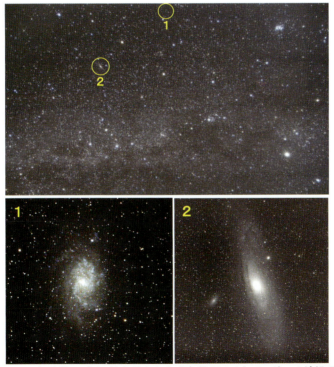

口絵 4-1 上は秋の空に見えるさんかく座銀河(1)とアンドロメダ銀河(2)。
下は2つの銀河をアストロカメラで撮影した画像

口絵 4-2　西はりま天文台から見た朝霧と西の空に沈む月

口絵 7-1　天文台構内への入り口の道へとつづく交差点に設置されているパラボラアンテナ。もともとは太陽の電波を観測するための装置でした

口絵 7-2　西はりま天文台のメイン建物。右が北館、左が南館です

口絵 7-3　西はりま天文台の 60cm 望遠鏡

口絵 7-4　西はりま天文台の「なゆた」望遠鏡
　　　　写真は西はりま天文台提供

口絵 7-5　キャンドルナイトのライトアップの様子

# はじめに

　北海道で大地震が起きて停電が続いた2018年9月、ツイッター（現在のX）で札幌の街並みの向こうに壮大な天の川が輝く写真が目に入りました。いつもは街明かりで見えない天の川が、停電で暗くなったために見えるようになったのでした。一方、その日は北海道全域で、停電のためにたくさんの方々が、大変なご苦労をされたと想像します。

　現代社会では、社会活動や防犯上の理由などで、夜になっても光が絶えることはありません。皆さんもたぶん、人工衛星から眺めた夜の地球に、光が連なっている画像をご覧になったことがあると思います。そのような画像では、地球上で光が見えないのは海や砂漠、熱帯や寒帯に広がる森林、あるいは氷原など、人のほとんど住んでいない地域に限られます。

　かつて私たちの祖先は、たかだか1世紀ほど前には夜になると真っ暗になる世界に住んでいました。ところが現代は、夜になっても明るい場所が多くなってしまい、都会に住んでいると星を見ることすら少なくなってしまいました。見たことがあるのは月かごく明るい星だけ、という方も少なくないでしょう。満天の星空を見たのはプラネタリウムの中、という方もいらっしゃると思います。

　とはいえ私たち人間は、空いっぱいに広がる星空を見てみたいと強く願っているようです。そんな時は、人工衛星から見た夜の地球で「真っ暗闇が続く、人が住んでいない土地」に行くしかないのでしょうか。いいえ、そんなことはありません。衛星写真では小さすぎて写らないような「小さな暗闇」でも、満天の星空を見ることが

できます。

　そのような「小さな暗闇」は、都会から離れたところにあります。この本でご紹介する兵庫県の西はりま天文台も、その一つです。兵庫県というと神戸の「100万ドルの夜景」が真っ先に思い浮かぶかもしれませんが、そこから100キロメートルも離れれば街の明かりは地平線のかなたに消えて、そこには真っ暗な空にたくさんの星が輝いています。兵庫県の真ん中には中国山地が横たわり、それに沿った盆地や谷に町がいくつもありますが、大量の光を発するような都市はないからです。西はりま天文台は中国山地が岡山県に接するあたり、佐用町の大撫山頂上にあります。


　この本は、西はりま天文台とそこにある望遠鏡、天文台で働く人々、そして、この天文台でどんな研究が行われているのかを知っていただきたいと思って書きました。

　西はりま天文台の主役は、直径2メートル（m）の鏡を持った巨大望遠鏡で、その名を「なゆた望遠鏡」といいます。「なゆた」は「極めて大きな数」を意味する古代サンスクリット語で、漢字だと「那由他」と書きます。この望遠鏡に込めた思いが伝わってくるような名前ですね。

　なゆた望遠鏡は日本国内に設置された望遠鏡の中で、2番目に大きなものです（一番大きいのは岡山県浅口市の京都大学「せいめい望遠鏡」で、直径3.8m）。とはいえ、なゆた望遠鏡にも日本一があるのです。それは、「自分（この本を読んでいるあなたもその一人）でのぞける望遠鏡で、日本で一番大きい」というものです。

　「2番目だけと、日本で一番大きい」ってどういうこと？　と思われたかもしれませんので、ちょっとだけご説明します。

　実は天文台は、目的によって2種類に分けられます。一つは天文学の研究のために使われる天文台で、ハワイにある「すばる望遠

12

鏡」はその代表的なものです。もう一つは、一般の方向けの観望会のために使われる天文台で、科学館の一種ともいえます。2種類とも大切な役割がありますが、世界の巨大望遠鏡のほぼすべては前者です。

　ところでなゆた望遠鏡は、2種類のうちどちらだと思いますか。実は、「どちらでもない」のです。なぜかというと、天文学の研究にも使われているし、一般の方向けの観望会にも使われている、すなわち「両方に使われている」からです。

　さて、このなゆた望遠鏡がある西はりま天文台ですが、夜空はどんなふうに見えると思いますか。月の出ていない夜に空を見上げると、頭上には満天の星空が広がっています。そのような星空を見慣れていない人だと、見える星があまりに多すぎて、星座がよく分からなくなるかもしれません。図鑑などには、「肉眼で見ることのできる最も暗い星は6等星」と書いてありますが、街灯に照らされたところでは3等星くらいでもなかなか見えません。ところが西はりま天文台に来れば、6等星まではっきり見ることができます（目がいい人なら、もっと暗い星が見えるかもしれません）。

　最近はインターネットなどに星空の写真があふれていますから、それらで満天の星空を「見たことがある」方もいらっしゃるでしょう。あるいは、空いっぱいの星とは、「あんな感じなのだろう」と思われているかもしれません。ところが実際は、真っ暗なところで空一面に輝いている星をながめた印象と、インターネットなどで満天の星を見た印象は、まったく違っているのです。どのように違うのか、写真では決して分からない実際の星空をうまく説明することはなかなか難しいので、「西はりま天文台へ、ぜひ見にきてください」とお話ししています。


　本書の構成について簡単にお伝えします。

13

第1章では、西はりま天文台がどこにあって、なぜ星が見やすいのか。なゆた望遠鏡がどんな望遠鏡なのか、をお話しします。第2章では、なゆた望遠鏡がどのような仕組みで光を集めて天体の姿を見せてくれるのか、星の動きをどのようにして追いかけるのか、についてご紹介します。

　西はりま天文台には先ほどお話ししたように、公開天文台としての役割と研究のための天文台としての役割がありますので、第3章から第5章ではそのことをお話しします。第3章では、なゆた望遠鏡を使って見ることのできる天体として、太陽系の惑星たちと月、恒星、二重星、星団・星雲を詳しくご紹介します。第4章は西はりま天文台での一年、季節ごとに見ごろになる星を、その時々のエピソードを交えながらお伝えし、天文台でちょっと困ったこともお話しします。また、自然学校や観測実習などで天文台にいらっしゃる方々についてもご紹介します。第5章では、なゆた望遠鏡を使って得られた成果の中から、4つのトピックス（太陽系の外にある惑星を探す、生命の証拠を見つける、星が生まれるところをとらえる、重力波天体を発見）をご紹介します。最先端の天文学でどんなことが調べられているか、西はりま天文台ではどんなすごいことを見つけているのか、を分かりやすくお伝えしたいと思います。

　第6章は、ちょっと恥ずかしいのですが、私が天文学者になるまでの話を書いています。私は子どものころから星を見るのが好きで、アマチュア天文家として観測を行っていた時期もあります。そんな「天文少年」が大学で天文学を学び、西はりま天文台に勤めるまでの物語です。

　最後の第7章は、西はりま天文台に行ってみようという方のためのガイドです。天文台へのアクセスの方法、天文台にはどんな施設があるのか、観望会にはどのように参加すればいいのか、などをお話しします。

はじめに

　この本を、星が好きな小学生・中学生、そのご両親やご家族、天文学に興味を持っている高校生など、いろいろな方に楽しんでいただければと思っています。

西はりま天文台の星空日記
世界最大の公開望遠鏡「なゆた」で見る星の世界へようこそ！
―もくじ―

**口　絵**…3

**はじめに**…11

## 第1章　ようこそ西はりま天文台へ…21
### 第1節　星を見に行く…21
(1) 西はりま天文台から見た星空…21
(2) 西はりま天文台はどこにある？…23
(3) 空が暗いと星はよく見える…25
(4) 瀬戸内海沿岸は晴天に恵まれやすい…27
### 第2節　なゆた望遠鏡が「日本最大級」って、なぜなの？…29
(1) そもそも望遠鏡の性能とは…29
① どれくらい遠くが見えるか
② 倍率はどれくらいか
③ どれくらい暗い星が見えるか
(2) なゆた望遠鏡の口径は2メートル…33
(3) なゆた望遠鏡は「自分でのぞける大望遠鏡」…34
(4) 西はりま天文台ではこんなことができる…35

## 第2章　「なゆた」はこんな望遠鏡です…38
### 第1節　なゆた望遠鏡はこんなふうに星の光を集める…38
(1) 「なゆた」とは「極めて大きな数」のこと…38
(2) 望遠鏡が光を集める原理…39
(3) 屈折式と反射式、どっちがいい？…42
(4) 反射望遠鏡はこんなふうに光を集める…44
(5) なゆた望遠鏡には複数の焦点がある…48
### 第2節　なゆた望遠鏡はこんなふうに星を追う…51
(1)望遠鏡は星の日周運動にあわせて動かす…51
(2)赤道儀と経緯台…54
(3)なゆた望遠鏡の「心臓」はコンピュータ…57

# 第3章　太陽系の惑星と月、いろいろな恒星と星雲…61

## 第1節 太陽系の惑星たちと月…61

(1) 水　星…61

(2) 金　星…63

(3) 　月　…64

(4) 火　星…65

(5) 木　星…67

(6) 土　星…68

(7) 天王星…70

(8) 海王星…71

(9) 冥王星…71

## 第2節 恒　星…74

(1) 星の色…74

(2) 赤い星…76

① ガーネットスター

② クリムゾンスター

(3) 1等星…78

## 第3節 二重星…78

(1) 春の二重星　うしかい座ε（プリケリマ）…80

(2) 夏の二重星　はくちょう座β（アルビレオ）…81

(3) 秋の二重星　アンドロメダ座γ（アルマク）…82

(4) 冬の二重星　おおいぬ座α（シリウス）…83

## 第4節 星団・星雲…84

(1) 散開星団…85

## コラム　Mって何？…87

(2) 球状星団…88

(3) 星　雲…89

① 散光星雲

② 惑星状星雲

(4) 系外銀河…92

## 第4章　西はりま天文台の毎日は こんなふうに過ぎていく…94

### 第1節　天文台と大撫山の一年…94
 ⑴ もっとも寒いころの天文台…94
 ⑵ 外は寒いけれども中は…95
 ⑶ 南極老人星（カノープス）を見ると長生きできる？…96
 ⑷ 春の訪れと新年度を迎える天文台…97
 ⑸ 麦畑が黄色に色づくころ…99
 ⑹ 日は長いけれど、梅雨なので星は見えにくい…101
 ⑺ 夏休みには最大の行事スターダスト…102
 ⑻ 学会発表の練習と台風…103
 ⑼ 秋の空とアンドロメダ銀河…104
 ⑽ 冬の始まりとキャンドルナイト…105

### 第2節　西はりま天文台でちょっと困ったこと…107
 ⑴ 天気が悪いのはどうしようもない…107
 ⑵ 湿気も望遠鏡の大敵…111
 ⑶ 雷は「なゆたの天敵」…112
 ⑷ 冷え込んだ時は結露に注意！…115
 ⑸ 野生動物にも気をつけて…117
 ⑹ 観測装置の乗せ換えも苦労する…120
 ⑺ 鏡も時々は洗ってほしい…121
 ⑻ 観測装置の不具合も自分たちで解決…122

### 第3節　いろんな方が西はりま天文台にやってきます…124
 ⑴ 自然学校の小学生たち…124
 ⑵ 観測実習も天文台で…125
 ⑶ 研究者もやってきます…126

## 第5章　西はりま天文台で見つけたすごいこと…127

### 第1節　太陽系の外にある惑星を探す…127
 ⑴ どうやって惑星を見つけたらいいのか…130
 ⑵ トランジットで惑星の大気を探る…132
### コラム　ホットジュピターの発見に天文学者は困惑した…137
### 第2節　生命の証拠を見つける…139
 ⑴ まず探すのは、水が存在する可能性がある惑星…139

⑵ 地球照から液体の水の反射による偏光が分かる…141
**第3節 星が生まれるところをとらえる**…143
　⑴ 星はどのように輝いているのか…143
　⑵ 星はこんなふうに生まれる…147
　⑶ 原始星にガスが積もる様子を観測…148
**第4節 重力波天体を発見！**…152
　⑴ 物体の質量はその周囲の時空を歪ませる？…153
　⑵ 光で重力波天体を捉える…156
　⑶ 重力波天体が発見された！…157

# 第6章　星が好きな少年が天文学の研究者になるまで…162
**第1節 星に興味をもつようになるまで**…162
　⑴ 名古屋のプラネタリウムにあった星の本…162
　⑵ 図書館で借りた本に西はりま天文台が書かれていた…163
　⑶ 外で遊ぶより図書館で本を読んでいるほうがいい…164
　⑷ 理科の授業で経験した、2つの不思議なこと…166
**第2節 望遠鏡で星を見るようになったころ**…168
　⑴ 父からもらった小さな望遠鏡…168
　⑵ 物干し場で観測した天体…169
　⑶ 変光星を観測するようになる…170
**第3節 変光星に熱中し始めた中学生時代**…172
　⑴ 変光星観測者仲間との出会い…172
　⑵ 『はじめての変光星観測』…173
　⑶ ちょっと寄り道－激変星ってどんな星…175
**第4節 高校から大学、大学院──天文学にどんどん接近**…177
　⑴ 見慣れた星座に、見慣れない星が光っている…177
　⑵ 変光星の増光を世界で最初に発見していた…178
　⑶ 進路を決める ── 矮新星の研究をしたい…180
　⑷ 理学部で学び、大学院への進学を決意…181
　⑸ 大学院での研究から西はりま天文台への就職へ…183

# 第7章　西はりま天文台へ行ってみたくなったら…186
**第1節 西はりま天文台へのご案内**…186
　⑴ 天文台への行き方…186
　⑵ 西はりま天文台にはいつ行けるのか…189

**第2節 西はりま天文台での天文観測へのお誘い…190**
　⑴ 西はりま天文台で使うことができる望遠鏡…190
　　① 60cm 望遠鏡
　　② なゆた望遠鏡
　　③ 小型望遠鏡
　　④ サテライトドーム
　　⑤ そのほか小型望遠鏡
　⑵ 観望会にはこんなふうに参加します…194
　　① 昼の観望会は午後1時 30 分からと午後3時 30 分から
　　② 夜の観望会は午後7時 30 分から

**第3節 観望会はこんなふうにやっています…197**
　⑴ 観望会のおおまかな流れ…197

**コラム　望遠鏡ののぞき方…199**
　⑵ 目で見た空は、見え方が写真とはずいぶん違う…200
　⑶ なゆた望遠鏡よりも、小さい望遠鏡がいいこともある…201
　⑷ 季節によって、お勧めの天体が変わります…201
　　① 系外銀河が見やすい春
　　② 有名な星座が多い夏
　　③ 晴天率が高く、真っ暗な空が楽しめる秋
　　④ 空が澄んだ夜が多く、貸し切りになるかもしれない冬

**第4節 大型イベントや学びの場も**
　　　　**──西はりま天文台には楽しみがいっぱい…203**
　⑴ 大型イベントではいつもと違う天文台に…203
　　① アクアナイト（2024 年は「五月夜の星まつり」で開催）
　　② 西はりま天文台最大のイベント・スターダスト
　　③ クリスマス前のキャンドルナイト
　⑵ 西はりま天文台で学びたい時は…205
　⑶ 西はりま天文台で研究したくなった方へ…206


**あとがき…207**

# 第1章

# ようこそ西はりま天文台へ

## 第1節　星を見に行く

「今夜星を見に行こう」と思った時、いったいどこへ行ってみるのが良いのでしょうか。

星を見るといってもいろいろです。ただ空に広がる満天の星空を眺めてみたいのか。それとも、満天の星空を形作る星座をたどってみたいのか。あるいは、肉眼では見ることのできない天体たちも見てみたいのか。

西はりま天文台は、このような「やってみたいこと」の多くを実現できるかもしれません。

### (1) 西はりま天文台から見た星空

西はりま天文台から星空を眺めた写真を見ていただきましょう。

最初は、西はりま天文台の敷地内から見た夏の天の川です（口絵1-1左）。写真で見た天の川と目で見る天の川は雰囲気が少し違いますが、月のない晩なら空にくっきりとした天の川を目にすることができます。この写真の少し下にあるのが、西はりま天文台の望遠鏡が収められた建物です。

次は、冬に撮影された星空です（口絵1-1右）。真ん中から少し下あたりに、オリオン座の星々が光っているのが分かりますか。オリ

オン座には、オリオン大星雲というぼんやりと光る宇宙の雲があります。空が明るいところでは見えにくいのですが、西はりま天文台なら月のない夜は容易に見ることができます。

　口絵 1-1 右の写真の右上に、星がごちゃごちゃと寄り集まっているところが見えます。これはプレアデス星団、古くの日本では「すばる」と呼ばれている星の集まりです。ほかにも冬の空にはたくさんの 1 等星が光っていますが、それらが形作る数々の星座も容易にたどることができます。

　西はりま天文台には大きな望遠鏡があります。これは直径 2 メートル（m）の鏡を使って星の光を集めることができ、愛称は「なゆた望遠鏡」といいます。大きな望遠鏡は研究用にしか使われていないことも多いのですが、なゆた望遠鏡は観望会にも研究用にも使われています。これ、かなり珍しい使われ方なんです。

　なゆた望遠鏡にデジタルカメラを取り付けて撮影した写真をお見せしましょう（口絵 1-2）。

　まずは左上の土星です。たぶん、多くの方が知っていると思いますが、きれいなリングを持っている惑星です。「天文台で望遠鏡を使って星を見てみたい」という方の多くは、「土星の輪を眺めてみたい」と考えているのではないかと思います。土星は西はりま天文台でも、1・2 を争う人気の高い天体です。

　次は右上の火星です。火星は地球のすぐ外側をまわる惑星なのでいつでも見られそうですが、そんな時期は意外に多くありません。とはいえ、地球に近づいたときは丸く赤い姿を見ることができます。火星は地球に似たところがあって、天気がかなりはっきり変化します。砂嵐のときもあれば、きれいに晴れ上がって地上（火星上）の模様が良く分かるときもあります。あるいは極あたりに、ドライアイスの氷が白く見えることもあります。昔の天文学者で、火星の模様が「火星人のつくった運河」に見えた人もいました。そんな想

22

像をしたくなるくらい、火星は見るたびに模様に変化があります。

　惑星以外では、望遠鏡で見てどの星が面白いでしょうか。なゆた望遠鏡を使った観望会でよく見ていただく機会があり人気も高いのが、二重星（ダブルスター）です。これは、望遠鏡を使わないと1つの星にしか見えないのですが、望遠鏡だとはっきり2つに分かれます。星同士の距離や色合いはさまざまですが、その中でも有数の美しさなのが、はくちょう座のアルビレオです（左下）。

　右下は、球状星団M13という天体です。何十万という星がボールのように集まって密集した集団で、なゆた望遠鏡で見ると細かい星に分離できます。その様子は、花火か万華鏡のようだという方もいます。

### ⑵ 西はりま天文台はどこにある？

　西はりま天文台は、兵庫県の佐用町にあります。神戸市や西宮市といった都市からは離れており、県の南西部、岡山県の県境に近いところです。もっとも近くにある都市は姫路市ですが、直線距離で40キロメートル（km）ほど離れていて、車で1時間くらいかかります。電車の駅があり、高速道路のインターチェンジもあるので、交通の便はそれほど悪くはありません。

　佐用町は人口1万7000人あまりで、佐用駅を中心に商店街が広がっています。町の真ん中には千種川が流れており、その両側におだやかな高さの山が連なっています。その中で一番高い山が町から北西にある大撫山（標高435m）で、その頂上に西はりま天文台は建っています。

　図1-1は、西はりま天文台の駐車場の方から建物をのぞんだ姿です。2つの建物が南北に並んでいますが、このうち北側（写真の右側）にある茶色い建物が「北館」、左側にある白い建物が「南館」です。南館の屋上に、円柱のようなでっぱりがあるのが分かります

か。これが、なゆた望遠鏡が収められているドームです。

図 1-1　西はりま天文台の外観と佐用町のおおよその位置（右上）

　南館に入ってドームへ上がると、巨大な機械がそびえています（図1-2）。これが西はりま天文台の主役、なゆた望遠鏡です。

　なゆた望遠鏡には直径2ｍの鏡が使われていて、その大きさは日本で2番目です。望遠鏡は、宇宙のかなたからやってくるかすかな光をこの鏡で集めて、私たちの目で見えるようにします。

図 1-2　なゆた望遠鏡の全景

第1章　ようこそ西はりま天文台へ

といっても、首をかしげている人もおられるかもしれませんね。

「鏡の大きさって、何のこと。望遠鏡って、どれだけ遠くが見えるかが大事なのでは」「望遠鏡は物を大きく見るものだから、倍率が大事なはずでは」「2番ってどういうこと」

どれももっともな疑問で、この本を読んでいるうちにその答えが見つかると思います。

### ⑶ 空が暗いと星はよく見える

望遠鏡の性能について説明する前に、星を見るために大事なものについて書きます。これは、望遠鏡を使わないで夜空を眺めるときでも同じです。

それは、「空が暗い」ということです。

都会では星がほとんど見えませんね。それはなぜでしょうか。街灯で明るいから？　それも間違ってはいませんが、それだけではありません。

街灯や明るく輝く看板などの近くでは、星はきれいに見えません。ですが、そんな場所でも建物の陰など、街灯や看板の光が届かない場所もあります。そこへ行けば、星空は見えるのでしょうか。

少しは空に星が見え始めるかもしれません。でも残念ながら、天の川が空にくっきり見えるようにはならないと思います。

「街明かりのせいで星が見えない」という言葉には、二つの要因が隠れています。一つは「街明かりで目がくらんでしまうので、星が見えなくなる」、もう一つは「空そのものが明るいので、暗い星はかき消されてしまう」ということです。この二つは同じことのようにも思えますが、実は違うのです。

「街明かりで目がくらむ」のは、あくまで人間の目の問題です。ところが空が明るい場合は、目の問題ではなくて星がそもそも見えなくなっています。と言ってもピンとこないかもしれませんので、

25

実際の星空の写真で見比べましょう。

口絵 1-3 の写真は、姫路から佐用に向かう道筋ぞいの何か所かで、夏の大三角あたりの天の川を撮影したものです。露出時間などの条件は合わせています。

西はりま天文台で撮影した写真には天の川が見えていて、空は真っ暗に近いのがわかります（①）。天文台のある山を下りて、佐用町の市街地から遠くないところで撮影してもやはり同じです（②）。

佐用町から 20km ほどのところにある新宮町（2005年にたつの市に合併）では、まだ天の川はよく写っていますが、少し空が明るくなったように見えます（③）。ちなみに、撮影しているときに空を見上げると天の川は見えていました。佐用町で見たときに比べるとちょっと淡く、細部はわかりにくくなっています。

姫路市の西北部・林田町伊勢地区に入ると、天の川はまだかろうじて肉眼でも見えますが、言われないと分かりづらいかもしれません。写真では天の川がよく写っていますが（④）、背景が少し青みを帯びて明るくなってきました。

さらに数 km ほど姫路の中心に近づき、飾西地区の長池までくると、写真の背景はかなり明るくなってきます（⑤）。星は見えますが、天の川はよく分かりません。

姫路駅に近い車崎地区までやってくると、写真の背景は群青色になってきます（⑥）。星はパラパラと見えますが、天の川はまったく分かりません。写真では雲が白く光って映り込んでいるのが分かります。④もよく見ると端に雲が映っていますが、その明るさは天の川とあまり変わりません。

雲は自分では光っていなくて、街明かりに照らされているため、雲があると空の明るさを知る手がかりになります。もし真っ暗な空に雲があったら、雲は自分で光らないので黒く見える（＝見えない）

はずです。ところが街中では、雲は白く光って見えます。

　口絵1-4は、衛星画像をもとにして空の明るさを調べたマップで、右下が空が明るいところです[*1]。

　街灯などの人工的な光がなくても、空にはわずかですが自然の明るさがあります。一方、⑥の写真を撮影した場所（姫路の中心付近。6か所の中で空がもっとも明るい）での空の明るさは、自然の空の明るさの14倍くらいになります。⑤だと自然の明るさの6倍くらいです。そこから遠ざかるにつれて減少していき、西はりま天文台のあたりだと、人工の光は自然の空の光の30％くらいです。

　「どれくらい空が明るくなると天の川が見えなくなるか」は、主観が入ってくるためはっきり結論が出ていないのですが、自然の空の明るさの3倍を超えるという意見があります。

　もちろん、街明かりが悪いことばかりではありません。特に人口の多い都市部では、防犯上必要なものといえるでしょう。ただ、星を見るための妨げになることは確かです。

　②のように、佐用町に近いあたりでも空はかなり暗くなっています。西はりま天文台は、佐用町の町の中心から数km離れた山の上にありますから、街明かりの影響はかなり軽減されています。

## ⑷ 瀬戸内海沿岸は晴天に恵まれやすい

　山の上は街明かりがほとんどないことに加えて、西はりま天文台のある瀬戸内海沿岸は、星を見るための条件が日本国内でかなり良い場所です。

　星を見るための好条件は、空が暗いだけでは不十分で、「天気が良い」ということも欠かせません。いくら空が真っ暗でも、年中雨だと星を見ることはできないからです（天文ファンの方は、深くうなずいているのではないでしょうか）。めったにない天文イベントのために準備をして待っていたのに、雲や雨のせいで台無しになってし

まった、という経験をした方も多いと思います。

　観望だけでなく、研究観測の場合も同様です。世界の巨大望遠鏡には、一年を通じてほぼ雨が降らない場所や、雨雲より標高が高いところ（雨雲より高かったら、そこに雨は降ってこない）に立地しているものもあります。もちろんそのような天文台の望遠鏡にアクセスするのはとても大変ですが、地球上にはそういった場所もあります。もっと思い切ってしまえば、宇宙空間に出てしまえば天気の心配もなければ街明かりのことを考える必要もありません。ハッブル宇宙望遠鏡などはこうして宇宙空間に打ち上げられた巨大望遠鏡ですが、観望会の望遠鏡としては非現実的すぎますね。

　というわけで、もう少し現実的な場所に話を戻しましょう。そもそも日本の気候は降水量が多いのが特徴ですが、その中でも晴天率が比較的高い場所はあります。瀬戸内海沿岸はその代表的な場所で、温暖であまり雨が降らないことが特徴です（瀬戸内海式気候といいます）。沿岸はどこも年間の降水量が少なく、1000ミリメートル（mm）台前半のところが多いのです。日本の平均雨量（年間2500mm）と比べると、瀬戸内海沿岸の少なさがわかります。

　ただ、瀬戸内海沿岸は工業地帯が多いため、そういったところでは街明かりの影響を受けてしまいます。そのため、星が見える暗いところとなると、海沿いの市街地から離れる必要があります。かといってあまり北へ行って日本海側へ近づくと、雨量は多くなってしまいます。中国山地が日本海側から流れ込む湿った空気をブロックしてくれて、しかも都市部からあまり遠くないということで、中国地方の瀬戸内海側から少し内陸に入った場所に大型天文台が立ち並んでいます。例えば、岡山県浅口市には京都大学の「せいめい」望遠鏡（口径3.8m）、広島県東広島市には広島大学の「かなた」望遠鏡（同1.5m）があります。

第1章　ようこそ西はりま天文台へ

### 第2節　なゆた望遠鏡が「日本最大級」って、
　　　　なぜなの？

　そろそろ、なゆた望遠鏡は「日本最大級の望遠鏡」という話に戻りましょう。

　ところで、みなさんは「性能の良い望遠鏡」を買おうと思ったら、どんなところに注目するでしょうか。

#### ⑴ そもそも望遠鏡の性能とは

　メーカーの評判はどうか、専門店のほうが良いものを置いていそうだ、天文雑誌に広告がいつも出ているところは大丈夫そう…、そういった見分け方もありますね。それでは、メーカーが公表している望遠鏡の仕様や性能（カタログスペック）で、どんなことに注目するのがいいでしょうか。それには、以下の3つがあると思います。

　① どれくらい遠くが見えるか
　② 倍率はどれくらいか
　③ どれくらい暗い星が見えるか

　①～③のそれぞれについて、詳しく見てみましょう。

#### ① どれくらい遠くが見えるか

　そもそも望遠鏡は、遠くを見るためのものです。ですから、「遠くを見ることができる望遠鏡ほど優れている」というのは、一理ありそうですね。

　例えば電灯の光は、電灯から遠く離れるほど暗くなっていきま

29

す。光は、それを発しているもの（光源）から、距離の2乗に反比例して暗くなるからです。つまり、2倍遠くなると明るさは4分の1（「2の2乗」分の1）になるわけです。10倍遠いと100分の1、100倍遠いと1万の1です。

ところで、小さな豆電球から1m離れたところの明るさと、大きなサーチライトから10m離れたところでの明るさは、どちらが明るいでしょうか。答は、サーチライトのほうです。なぜそうなるかというと、光源が明るければ遠くても明るく見えるからです。星の明るさについて考える時、このことはとても大事です。

夜空に見える天体（たとえば星）には、いろいろな明るさのものがあります。その中には、「かなり近くにあるけれども、もともとが暗いので望遠鏡でしか見えない星」もあれば、「ずっと遠くにあるけれども、もともとが明るいので1等星」というのもあります。さらに、星がたくさん集まって集団（星団）を作ることもよくあります。星団は、星が数千から数万個、時には何百億個が集まってひとかたまりの光として見えるので、単独の星よりもずっと遠くのものも明るく見えます。

こうして考えていくと、「どれくらい遠くのものが見えるか」は、基準としてあまり頼りになりそうもありません。

## ② 倍率はどれくらいか

次に、「望遠鏡は物を大きく見るためのものだから、倍率が参考になりそうだ」ということについて考えてみましょう。要するに、「倍率が高い方がすぐれた望遠鏡」といえるのか否かです。

ところで、倍率を大きくするということは、引き伸ばすということですよね。ということは引き伸ばしても、もともとの光の量が増えるわけではありません。

ちょっとたとえ話をしてみましょう。

第1章　ようこそ西はりま天文台へ

　昼ご飯で、パンにジャムを塗って食べるとします。あなたの前には、普通のサイズの食パンが1枚と、その10倍のサイズの食パンがあるとします（「そんなパンがあるわけない」と思うかもしれませんが、あくまで思考実験です）。ところが、ジャムが少なくなっていたのに買い忘れてしまって、瓶の中にはジャムが普通サイズの食パン1枚に塗る分しか残っていなかったとします。

　普通サイズの食パンにジャムを塗るとしたら、いつもと同じような厚さで塗れますから、おいしさもいつもと同じです。ところが、それだけではお腹がふくれないので、10倍サイズのパンのほうを食べるとします。すると、ジャムは普通サイズの食パン1枚に塗る分しか残っていませんから、10倍サイズのパンの全域に塗ってしまうと、ジャムは薄くしか塗れませんよね。そんなパンを食べても、あまりおいしくないと思います。

　光の量が増えないのに、望遠鏡の倍率を上げて「引き伸ばす」というのは、こういうことなのです。したがって、むやみに倍率を上げるとかえって見づらくなってしまいます。どうやら、「倍率が高い＝性能がいい」とは言えないようですね。

　実は、倍率は意外と簡単に変えることもできます。望遠鏡の覗き口には、接眼レンズ（アイピース）と呼ばれる小さいレンズがついていますが、これを交換すれば倍率が変えられます。市販の望遠鏡でも、何本かの接眼レンズがセットになって売っているのがふつうです。さらに、接眼レンズの規格はいくつか決まったものが使われているため、あとから買い足せばもっとたくさんの倍率を選べます。そういう意味でも「倍率では、望遠鏡の性能の良し悪しは分からない」のです。


③ どれくらい暗い星が見えるか

　望遠鏡の性能として一番重視されるのは、「暗い星が見える」こ

31

とです。肉眼では見ることができない星や天体でも、望遠鏡を使えば見えるようになります。その理由は、望遠鏡が「光を集めているから」です。

　虫眼鏡で太陽の光を集めて、紙などを焼いたことがありますか。これは太陽の光を虫眼鏡のレンズで集めて一点にあつめることで、紙を燃やせるくらいの温度を作っているのです。このように光が一点に集まったところを「焦点」、レンズから焦点までの距離を「焦点距離」といいます（厳密には一点ではないのですが、太陽の光を虫眼鏡くらいの焦点距離で集めるときにはほぼ一点と言って差し支えありません）。

　この時、使う虫眼鏡を大きくすると、紙から煙が出るまでの時間は短くなるはずです。なぜなら、大きな虫眼鏡のほうがたくさんの光を焦点に集めることができるからです。雨をたらいで受けた時、大きなたらいのほうがたくさんの雨水がたまるのと同じ理屈です。

　望遠鏡も、虫眼鏡と同じように光を集めています。集めるための道具は、虫眼鏡と同じようなレンズだったり、あるいは鏡だったりします。どちらも、光を集める部分が大きいほどたくさんの光を集めることができ、暗い星が見えるようになります。それでは、望遠鏡がレンズや鏡で光を集める能力は、どうやってはかればいいでしょう。

　そのことを考えるために、私たちの目（眼球）と比べるのが分かりやすいでしょう。というのは、眼球が光を集める仕組みは望遠鏡と同じだからです。

　人間の眼球には、水晶体というレンズに似た器官があって、これで光を集めています。眼球に入ってくる光の量は、例えば昼と夜ではずいぶん違いますから、ひとみ（虹彩）で調整しています。明るさに合わせて自動的に調整されるのですが、開くときは少し時間がかかります。明るい場所から外に出て夜空をながめても、最初のう

ちは星がよく見えないのは、せまくなっていた虹彩がすぐには開かないからです。ですが、時間がたっていくとだんだん開いていき、星が見えるようになります。

暗いところにしばらくいて虹彩が最大まで開くと、ヒトの目の場合は直径7ミリメートル（mm）くらいになります。これは、直径7mmのレンズを使った望遠鏡に相当します。たいていの望遠鏡のレンズや鏡はこれよりもずっと大きいので、望遠鏡を使えば肉眼よりもずっと暗い星まで見ることができます。

ここまで読んでこられたら、ピンとくるかもしれません。「光を集めるレンズや鏡の面積が、そのまま光を集める能力になる」のです。

例えば直径7cmのレンズを使った望遠鏡は、人間の目の10倍の直径がありますから、集める光の量（集光力）はその2乗で100倍です。直径14cmなら20倍ですから、集光力は400倍に増えます。

## ⑵ なゆた望遠鏡の口径は2メートル

なゆた望遠鏡に話を戻しましょう。

すでにお分かりだと思うのですが、「なゆた望遠鏡が日本で2番目に大きい」というのは、この「光を集める部分」の大きさのことなのです。レンズや鏡の直径のことを口径といい、なゆた望遠鏡は光を集めるのに鏡を使っていて、その直径が2mです。すなわち、望遠鏡の口径が「日本で2番目に大きい」というわけなのです。ちなみに口径が2mだと、集光力は私たちの目の約7万倍にもなります。

なゆた望遠鏡のある建物（ドーム）には、2mの鏡のレプリカが展示されています（図1-3）。実際に光を集めることはできないのですが、鏡の大きさを実感できます。

図1-3 なゆた望遠鏡の2mの鏡のレプリカ

(3) なゆた望遠鏡は「自分でのぞける大望遠鏡」

　なゆた望遠鏡の口径が日本で2番目に大きいと聞いて、「せっかくなら日本で1番大きな望遠鏡で星をながめたい」と思われる方も多いかもしれません。ところが残念ながら、「1番大きな望遠鏡」は誰でものぞくことはできません。

　日本で1番大きな望遠鏡は、岡山県浅口市にある鏡の大きさが3.8mある、京都大学の「せいめい望遠鏡」です。2019年に完成した新しい望遠鏡で、その前はなゆた望遠鏡が日本で1番大きな望遠鏡でした。ところが、せいめい望遠鏡は直接のぞくことができないのです。それだけではなく、世界の巨大望遠鏡はほとんどが、直接のぞくことができない構造になっています。研究用に設計されているので、人間の目で直接のぞくことを想定していないのです。そのためなゆた望遠鏡は今でも、直接のぞくことができる望遠鏡では「日本で一番大きい」のです。

　世界的に見ても、なゆた望遠鏡より大きな望遠鏡で、一般に公開されていて直接のぞくことができる「公開望遠鏡」はほとんどありません。「のぞくことができるかどうか」は調査しづらいですし、

公開していても頻度や条件がまちまちだったりするので、「何番目」とはなかなか判断できません。ですが、なゆた望遠鏡が公開望遠鏡として世界で最大級の大きさであることは、間違いありません。

### ⑷ 西はりま天文台ではこんなことができる

　西はりま天文台では、なゆた望遠鏡を使った観望会を毎日実施しています。平日は併設する宿泊施設に宿泊しておられる方のみの参加ですが、土曜・祝日は事前に電話で予約すれば、どなたでも参加が可能で（ただし上限120人）、日曜はどなたでも参加していただけます。

　夜の観望会では19時30分から21時まで、天文台職員がご案内しながら、その日よく見える天体を時間の許す限り見ていただけます。月のない晩などは、望遠鏡のあるドームに隣接するテラスで、実際に星空を見ながら星座を案内することもあります（図1-4）。まるでプラネタリウムのようですが、普通のプラネタリウムとは違って実際の星空を見ながらですから、「天然のプラネタリウム（天プラ）」と呼んでいます。晴れていて月がなければ、テラスからきれいな天の川を見ることもできます。

図1-4　なゆた望遠鏡のあるドームに隣接するテラス。地平線がほぼ見わたせる

図 1-5 北館のドームにある 60cm 反射望遠鏡

　西はりま天文台には、なゆた望遠鏡以外にもさまざまな展示や施設があります。60cm の反射望遠鏡（愛称がないので、口径がそのまま名前になっています。望遠鏡に愛称を付けようになったのは、最近になってからのようです）は、なゆた望遠鏡に比べるとかなり小さいように思えますが、これでもずいぶん大きな望遠鏡です（図1-5）。なゆた望遠鏡が完成する前は、60cm 望遠鏡が西はりま天文台の主役でした。今では夜の観望会の主役はなゆた望遠鏡に譲っていますが、昼の観望会はこの望遠鏡を使っています。

　ところで、昼の観望会というと「星なんて見えないのでは」「もしかして太陽を見るの」と思われるかもしれません。太陽も昼の観望会で見ていますが、昼でも星は見えるのです。どうしてそんなことができるのかは、第7章で詳しく解説します。

　実際にのぞける望遠鏡以外にも、西はりま天文台には天文学や宇宙について知るための、さまざまな展示や書籍などがあります。天文関係のグッズを中心とした売店も併設しており、こんなに星に関係したグッズがあったのかと驚きます。

ところで、先ほど「平日の観望会は宿泊施設に宿泊しておられる方のみ」とご紹介したのですが、天文台に宿泊施設なんてあるのかと疑問に思われたかもしれません。

西はりま天文台には、宿泊施設もちゃんとあるのです。星を見ているとどうしても夜が遅くなるわけですが、宿泊施設があれば安心して夜更かしできます。ちなみに宿泊されると、観望会が終わった後も宿泊施設に戻って星を見たり、天体撮影をしたりする方も多いようです。貸出望遠鏡も講習を受ければ使用できるのですが、このあたりは最終章「西はりま天文台に行きたくなったら」で詳しくお話することにしましょう。

ここまで西はりま天文台について紹介をしてきましたが、次章からなゆた望遠鏡をはじめとした施設についてさらに詳しく見ていくことにします。

**参考文献**

＊1　光害マップ (Light pollution map).
　　　https://www.lightpollutionmap.info/、2023年9月13日閲覧.

# 第2章

# 「なゆた」はこんな望遠鏡です

## 第1節　なゆた望遠鏡はこんなふうに星の光を集める

### (1)「なゆた」とは「極めて大きな数」のこと

　なゆた望遠鏡は、2004年に西はりま天文台に完成した望遠鏡です。同天文台ではそれまで、60センチメートル（cm）望遠鏡が観望会の主役でしたが、より大きな望遠鏡を建設しようという動きが1990年代なかばから起こり、阪神大震災による計画の遅れなどを乗り越えて完成しました。

　「なゆた」は漢字で書くと「那由多」となるのですが、聞きなれない名前ですね。いったいどんな意味なのでしょう。西はりま天文台のホームページには、次のように書かれています。[*1]

　　　（なゆたは）古代サンスクリット語で「極めて大きな数」を
　　　意味していて、日本の数詞では「1に0が60個つく数」を表
　　　します。公募によって付けられたこの名前は、無限に広がる
　　　大宇宙を余すところなく観測する望遠鏡になってほしいとい
　　　う願いが込められています。

　日本語では大きな数字を表す時、4桁ごとに「万、億、兆」と単

位をつけていきます。その後は日常であまり使わないのですが、４桁ごとに「京・垓・秭・穣・溝・澗・正・載・極・恒河沙・阿僧祇」と続いていって、「阿僧祇」の次に「那由他」が出てきます。ずいぶん大きな数のようですね。

「万」から数えて15番目ですから、４に15をかけて「60」。すなわち、那由他は10の60乗ということになります。１万は１の後に０が４つ続きますが、那由他は１の後に０が60個あるというわけです。[*2] なお、ここで「乗」という数え方が出てきましたが、この本の後ろの方でも出てきます。乗は「１のあとにその数のぶんだけ０がついた数字」だと理解していただければけっこうです。

ちなみに「なゆた」という愛称は、公募に全国から寄せられた3561通の候補の中から選ばれました。この名を提案したハガキが２通あったため、最終的に最優秀賞を選ぶ際には抽選となったそうです。選考理由について、当時の佐用町の広報には次のように書かれています。[*3]

> 選考理由としては、「広大な宇宙や、望遠鏡のスケールの大きさをイメージできるもの」「音の響きもよく格調高い」ことが評価されました。

最優秀賞として選ばれて最終的な命名に使われたのは「なゆた」ですが、優秀賞として「ニコ」と「かぐや」、佳作に「かなた」「むげん」「リドル」が選ばれました。その中で「むげん」は、佐用町内に住む女の子の提案でした。「むげん」も、とても大きなことが表現されていていいですね。

## (2) 望遠鏡が光を集める原理

第１章でご紹介したように、望遠鏡というのは光を集めるための

道具で、光を集める部分の大きさでその性能が決まります。大きさだけではなく、この部分をいかに精度良く設計するか、いかに光をむだにしないようにするか、なども重要なファクターとなります。

　光を集めるための方法は、「レンズ」と「鏡」の2つに分けられます。レンズは、虫眼鏡で太陽の光を集めるのと同じやり方で光を集めます。一方、鏡は光を反射させて一点に集めることによって光を集めます。レンズを使う望遠鏡を「屈折望遠鏡」、鏡を使う望遠鏡を「反射望遠鏡」と呼びます（図2-1）。

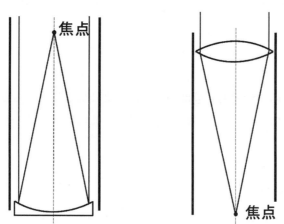

図 2-1　反射望遠鏡（左）と屈折望遠鏡（右）の光の集め方の違い

　ところで光を集めるためのレンズは、レンズならば何でもよいのでしょうか。

　私は近視なのでふだんメガネをかけているのですが、このレンズで太陽の光を集めようとしても、一点に集まってくれません。なぜかというと、近視用メガネのレンズは中央がへこんだ凹レンズだからです。光を集めるためのレンズは、凸レンズと呼ばれる真ん中が膨らんだものでなくてはいけません。

　ところが鏡の場合は、真ん中が膨らんでいるものでは光を集める

ことができません。カーブミラーなどの鏡は真ん中が膨らんでいますが、これはいくら大きくても反射望遠鏡に使うことはできないのです。鏡で望遠鏡を作る場合は、凹面鏡（おうめんきょう）という中央が凹（へこ）んでいる鏡を使います。

　それでは論より証拠で、実際になゆた望遠鏡の鏡面をご覧ください（図2-2）。

図 2-2　なゆた望遠鏡の主鏡（2m）を上から見た写真

　中央のマーク（なゆた望遠鏡を設計製造した三菱重工のもの）の奥に、ヘルメットをかぶった人がいるのが分かりますか。実はこれ、鏡の向こう側に人がいるのではなくて、鏡の手前にいる人（つまり、写真を撮っている人）が映っているのです。

　観望会なのに天気が悪くて星が見えない時などに、なゆた望遠鏡の鏡を星の代わりに見ていただくことがあります。そんな時、なゆた望遠鏡を横倒しに近いところまで倒しても、鏡は見ている人よりかなり上にあります。そうなると、鏡は下から見上げるようになるので、顔は映りません。そのため図2-2の写真は、メンテナンス用の高所から撮影しました。

「真ん中の覆いで鏡が見づらい」と思われたかもしれません。ところが邪魔に見えるこの覆い、なゆた望遠鏡には不可欠なのです。これが何のためのものかは、後ほどくわしくお話しします。

反射望遠鏡の鏡は光を集めるための大切な部分なので、使用しないときは蓋をします。家庭用の望遠鏡も筒の先に蓋がついていて、星を見る時は手でそれを外します。ですが、なゆた望遠鏡の筒の先は数メートル（m）の高さにありますから、いちいち手で取り外すわけにはいきません。鏡のすぐ上に4分割したイチョウの葉っぱのような蓋がついていて、これをモーターで開閉します（図2-3）。

図2-3 ミラーカバーを開けたなゆたの様子（左）と、閉まった状態のミラーカバーを上から見た様子（右）

### (3) 屈折式と反射式、どっちがいい？

屈折望遠鏡と反射望遠鏡のどちらが良いか、というのは天文に関心を持ち始めた人のための本などでもしばしば話題にのぼります。答えを先に言ってしまえば、「一長一短」ということになります。しかし研究用の大望遠鏡となると話が少し違ってきて、「反射式のほうがダントツに良い」となります。

とはいえ、屈折望遠鏡をお持ちの方はがっかりしないでくださ

い。これは一般家庭用の望遠鏡の話とは違います。天文ファンが購入する望遠鏡としては屈折式も反射式も「一長一短」で、ちなみに私が自宅に所有して20年以上愛用している望遠鏡も屈折式です。一方、とにかく大きな口径が必要とされる研究用の望遠鏡の場合は、ちょっと事情が違ってくるということなのです。なぜなのか、以下にご説明します。

　表2-1は世界中で現存する反射望遠鏡と屈折望遠鏡を、口径の大きなものから順に並べたものです。

### 表 2-1　世界の巨大望遠鏡ランキング（現存しているもの）

| 口径 | 反射望遠鏡ランキング | 初観測 | 口径 | 屈折望遠鏡ランキング | 初観測 |
|---|---|---|---|---|---|
| 16.2 m | VLT望遠鏡（チリ）* | 1998年 | 1.02 m | ヤーキス天文台（アメリカ） | 1897年 |
| 14.1 m | ケック望遠鏡（ハワイ・マウナケア）* | 1996年 | 0.98 m | スウェーデン太陽望遠鏡（カナリア諸島） | 2002年 |
| 11.8 m | 巨大双眼望遠鏡LBT（アメリカ）* | 2005年 | 0.91 m | リック天文台（アメリカ） | 1888年 |
| 10.4 m | カナリア大型望遠鏡（カナリア諸島） | 2007年 | 0.83 m | パリ天文台（フランス） | 1891年 |
| 9.2 m | SALT望遠鏡（南アフリカ共和国） | 2005年 | 0.80 m | ポツダム天体物理天文台（ドイツ） | 1899年 |
| 9.2 m | ボビー・エバリー望遠鏡（アメリカ） | 1996年 | 0.77 m | ニース天文台（フランス） | 1886年 |
| 8.2 m | すばる望遠鏡（ハワイ・マウナケア） | 1999年 | 0.76 m | アレゲニー天文台（アメリカ） | 1914年 |

＊　複数の望遠鏡からなる合成口径を示す
F.　ワトソン『望遠鏡400年物語』（地人書館）、国立天文台編『理科年表』（丸善出版）などをもとに作成

　屈折望遠鏡は最も大きなものは口径102cmで、19世紀末の1897年に作られたかなり年季の入ったものです。ほかの大型屈折望遠鏡も、ほとんどは19世紀に作られたものであることが分かります。

　一方、一番大きな反射望遠鏡は口径10.4mに達します。完成年も新しい時期に集中しており、その差が歴然としています。なぜ、こんな違いがあるのでしょうか。

　主な理由の一つは、「屈折望遠鏡は、ある程度より大きいものをつくるのが非常に難しい」ということです。

　屈折望遠鏡は光がレンズを通り抜けていき、それが焦点に像を結びます。ですから、ガラスの質が良くないとレンズを通り抜ける光

が減ってしまい、口径を大きくしても焦点にやってくる光がたいして多くなりません。ところが、透過性の高いガラスを作るのが、レンズの直径が大きくなるとけっこう難しいのです。また、「色収差」（レンズで光を集めた時に、波長が異なる光ごとに色ずれが起きる）という現象もなかなか厄介で、これが起きると焦点に結んだ像によけいな色がついてしまいます。屈折望遠鏡は色収差を完全になくすのが難しく、大きな望遠鏡になるほどこれが残ってしまいます（色収差は、後ほど詳しくお話しします）。こうしたことから市販の望遠鏡でも、大きな屈折望遠鏡は驚くほど高価です。

　これに対して反射望遠鏡は、光を反射するのは鏡の表面ですから、ガラスの厚みで光の透過が悪くなる心配はありません。また反射する時には、色収差も原理上は発生しません。反射望遠鏡で問題になるのは鏡の表面の良し悪しです。光を反射させるためにガラス表面に「めっき」をするのですが、めっきの技術がよくないと大口径にしても焦点に良い像を結ぶことができません。

　古い天文書などには、「反射望遠鏡は同じ口径の屈折望遠鏡より劣る」と書かれています。なぜ、このように逆のことが書かれているかというと、昔はめっき技術が高くなかったからです。現在（特に研究用の望遠鏡）ではめっきの技術がかなり向上して、反射率が高い値を実現できるようになりました。そのため大きな望遠鏡は、20世紀に入って以後はほぼすべて反射望遠鏡になっているのです。

### ⑷ 反射望遠鏡はこんなふうに光を集める

　ところで、「反射して光を集める」と聞いて、「レンズなら焦点に光が集まるのは分かるけど、鏡で集めた光はいったいどこに集まるの」と疑問に思いませんか。

　光を鏡で反射すると、跳ね返ってきた光は通り道（光路）を真っすぐ進んでいくので、焦点は光路の途中にあることはすぐに分かり

ます。それではこの焦点を、望遠鏡ではどうやって人が見る位置に持ってくればいいのでしょうか。体育会系の人だったら、「はしごをかけて、焦点に首を突き出せばいい」と考えるかもしれません。実はそんな発想をした人もいて、例えば天王星の発見者のウィリアム・ハーシェルがそうです（図2-4）。

ハーシェルは口径122cm望遠鏡を自分で作ったときに、このやり方を採用しました。さすがに首を乗り出すのは無理だったようで、鏡自体を少し傾けて望遠鏡の筒のあたりで像を結ぶようにしたそうです。

このような構造はその後、主流にはなりませんでした。その代わりに広く使われるようになったのは、空中に焦点を結ぶ前に別の鏡を置いて、

図2-4　ハーシェルが製作した口径122cmの反射望遠鏡。はしごで望遠鏡の口のところまで登って観察している

光路を外へ折り曲げて望遠鏡の外に像を結ぶというやり方です。ハーシェルは18世紀後半の人で、当時はまだ鏡の性能そのものがあまり良くなかったので、鏡の枚数を増やしたくないと考えたことも、「焦点に首を突き出す」望遠鏡を作った理由にあったようです。今は鏡の性能が向上したので、こんなことを考える必要性はなくなりました。

さて、「光路を折り曲げる」と書きましたが、それはどうやって行うのでしょうか。いくつかやり方があるので、順番に見ていきましょう。なお、以下にお話しするように、鏡やレンズを組み合わせて光を集めるしくみのことを「光学系」といいます。

複数の鏡を使った反射望遠鏡の光学系で、光を集めるメインの鏡のことを主鏡、それ以外の鏡のことを副鏡といいます。光を集める性能を決めるのは主鏡の大きさですから、望遠鏡の口径は主鏡の直径を使って表します。なお、1枚だけの鏡やレンズで作った望遠鏡でも、主鏡という名を用います。

　市販の反射望遠鏡の光学系で一番ポピュラーなのは、ニュートン式といわれるものです。ちなみにこの「ニュートン」は、万有引力の法則で有名なニュートンのことで、彼は反射望遠鏡の発明者でもあります。ということは、ニュートン式はハーシェルの望遠鏡より古いわけですね。

　図2-5左は、ニュートン式反射望遠鏡です。この方法は図のように、途中に斜めに平面鏡の副鏡をおいて光路を折り曲げ、望遠鏡の筒の横で像を結びます。

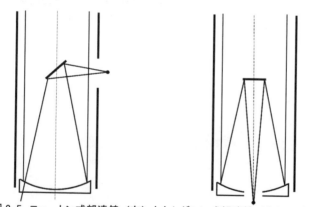

図2-5　ニュートン式望遠鏡（左）とカセグレン式望遠鏡（右）の違い。
　　　　実際にはカセグレン式の副鏡は少し膨らんだ凸面鏡

　反射望遠鏡でもう一つポピュラーなのが、カセグレン式です（図2-5右）。この方法では、筒の途中に副鏡を主鏡と並行になるように

第2章 「なゆた」はこんな望遠鏡です

置き、主鏡からやってきた光を反射して、主鏡のうしろで像を結ぶようにします。「のぞける場所がないのでは」とご心配になるかもしれませんが、主鏡に穴を開けてあるので大丈夫です。さらにカセグレン式では、副鏡は平面鏡ではなく凸面鏡を使っているので、焦点距離が合成されて主鏡より長くなっています（焦点が主鏡のうしろになるのは、このためです）。

　カセグレン望遠鏡によく似た望遠鏡の光学系は、他にもいくつかあります。これらは穴の空いた主鏡と、それに並行な副鏡を組み合わせて主鏡の後ろで像を結ぶようにすることは共通していますが、鏡の曲面の形が少し異なっているのです。

　「曲面の形が少し異なる」ということを、ちょっとだけご説明します。望遠鏡の鏡やレンズについて、「ふくらんでいる」とか「へこんでいる」と表現してきましたが、ある規則性をもった「ふくらみ」や「へこみ」でないと、きれいな像はできません。例えば曲面の鏡をスパッと切って断面にすると、そこには曲線が現れます。この曲線がどのような形をしているかで、凹面鏡の性質や作りやすさが違ってくるということなのです。

　反射望遠鏡の場合、基本となるのは断面が「放物線」になる鏡です（図2-6左）。放物線とは、物を斜めに投げ上げた時にそれが落ちてくる軌跡で、放物線を対象軸を中心にして回転させると「放物面」という曲面ができます。そして、鏡を放物面の形になるように作ったものを「放物面鏡」といいます。先ほどご紹介したハーシェル望遠鏡やニュートン式望遠鏡は、この放物面鏡を主鏡として使っています。

　カセグレン式望遠鏡も主鏡は放物面鏡ですが、副鏡は平面鏡ではなく凸面鏡でした。この凸面鏡の断面は、放物線とは別の曲線である「双曲線」になっています（図2-6右）。双曲線は数学で出てくる反比例のグラフの形で、これを回転させると「回転双曲面」になり

47

ます。カセグレン式の副鏡は回転双曲面になるように磨いてあります。

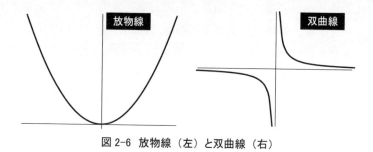

図 2-6 放物線(左)と双曲線(右)

　カセグレン式と似ているけれども、主鏡・副鏡とも双曲面にごく近い曲面になるような鏡を組み合わせたものを、リッチー・クレチアン式望遠鏡といいます。この望遠鏡は視野が広く、視野のはしでも星の像が点に近く見えます。リッチー・クレチアン式は、天文学の研究で写真観測が広く行われるようになった1920年代から作られるようになりました。

(5) なゆた望遠鏡には複数の焦点がある

　なゆた望遠鏡はこのリッチー・クレチアン式で、カセグレン式望遠鏡と同じように主鏡の後ろで焦点を結ぶことができます。これがなゆた望遠鏡の焦点の一つで、「カセグレン焦点」といいます。

　ここで「焦点の一つ」と書きましたが、「焦点って、一つだけじゃないの」と疑問に思われた方もいらっしゃると思います。実はなゆた望遠鏡は、複数の場所に焦点を結べるようになっています。これは観測の目的によって、光を別々の観測装置に集められるようにしたいからです。その観測装置の中には「人間の目」も含まれていて、「眼視観望装置」と呼ばれています。

　どうすれば、一つの望遠鏡で複数の焦点に像を結べるのでしょ

か。図2-5（カセグレン式とニュートン式の図）をもう一度ご覧ください。どちらもそうなのですが、副鏡を取り替えれば焦点の位置を変えられそうな気がしますよね。実際に副鏡を交換して、ニュートン式とカセグレン式を共用できる大望遠鏡もあるようです。

実はなゆた望遠鏡は、そうではない方法で複数の焦点を結べるようにしています。カセグレン焦点の副鏡の手前にもう一つ、「回る鏡」が用意されているのです。

なゆた望遠鏡にはニュートン式の焦点はないのですが、カセグレン式とニュートン式を足して2で割ったような「ナスミス焦点」があります。これは、カセグレン焦点の副鏡で反射した光を、光路の途中にある斜めの鏡で反射して望遠鏡の横に出して（ここがニュートン式と似ていますね）、そこで焦点を結んでいます。平面鏡ではないのでカセグレン式と同様、焦点距離が変わります。このように途中に挿入する鏡を、第3鏡といいます（図2-7）。

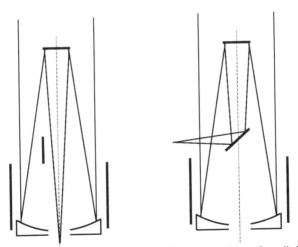

図2-7 なゆた望遠鏡での焦点の切り替え方。左がカセグレン焦点、右がナスミス焦点

この第3鏡は回転できるので、カセグレン焦点を使いたいときはこれで反射させずに光を素通しし（図2-7左）、ナスミス式焦点の時は鏡を挿入し光を横に出します（図2-7右）。なゆた望遠鏡には左右両側に光の取り出し口があるので、ナスミス焦点で2通りの観測場所が使えます。そのうちの1つが眼視観望装置なのですが、そこはかなり高いところにあります。そのため、さらに光路を曲げて床から1mくらいの高さに焦点を持ってきて、そこで肉眼で見られるようにしています。

　ところで、私たちが肉眼で天体を見る時は、結んだ像そのままだと見づらいので拡大して見る必要があります。市販の望遠鏡を使ったことがある方はご存知だと思いますが、のぞき口にもう一つレンズを取り付けて像を拡大するのです。これを接眼レンズ、もしくはアイピースといい、これを交換すれば倍率は自由に変えられます。

　なゆた望遠鏡も、アイピースを交換すれば倍率を変えられます（図2-8）。とはいえこれくらい口径が大きいと、倍率をあまり高くすると空気の揺らぎの影響が出ることもあるため、使える倍率の幅は狭く、実際にアイピースを交換することはほとんどありません。観望会などで使っているアイピースの倍率は約300倍です。

図2-8 眼視観望装置のアイピース。観望会の時以外は、アイピースを保護するため普段使っていないアイピースが取り付けられている（左の右下）

第2章 「なゆた」はこんな望遠鏡です

**参考文献**

＊1　兵庫県立大学西はりま天文台、TELESCOPE −望遠鏡のご紹介.

http://www.nhao.jp/public/telescope/index.html、2023年9月19日閲覧.

＊2　数字の数え方（特に大きな数字）は元々、古代インドで使われていたサンスクリット語がもととなっていることが多く、それが仏教の経典などを通じて中国、さらに日本へと伝わってきたものです。そのため、伝わる過程によって意味や使われ方が一致しないこともあります。江戸時代前期の数学者・関孝和が書いた『塵劫記』によると、那由他は「10の60乗または72乗のことを意味する」とされています。日常的に使う数字ではないので、どちらが正しいということは判断がむずかしいようです。

＊3　星の都さよう、第495号、4頁 (2004).


## 第2節　なゆた望遠鏡はこんなふうに星を追う

この節では、「なゆた望遠鏡を使って実際にどのように観測するのか」というお話をします。

昼間になゆた望遠鏡の入っているドームへやってくると、なゆた望遠鏡は天頂に向かってそびえています。観望会や研究観測の時は、目的とする天体の方向に望遠鏡を向ける必要があります。どのようにして望遠鏡を動かしているのでしょうか。

### ⑴ 望遠鏡は星の日周運動にあわせて動かす

小さい望遠鏡はそのまま手で持つことがあるかもしれませんが、家庭用の望遠鏡も「架台」に載せて使うのが普通です。なぜかというと、手持ちだと手の動きで像がぶれてしまうからです（手ぶれ）。

望遠鏡を架台に載せて固定すれば手ぶれしなくなり、架台を動かせば望遠鏡の向きが変えられます。

　スマートフォンでないカメラを三脚に載せて写真を撮ったことがあるかもしれません。三脚には「ねじ」がついていて、このねじを緩めればカメラの向きが変えられます。天体写真を撮る時は何十秒もカメラのシャッターを開きっぱなしにするので、三脚に取り付けるのが一般的です。

　望遠鏡の台座も、カメラを載せる三脚に似ています。ただ、望遠鏡の場合はカメラと違って、台座が「ただ固定しておく」だけというのでは機能として少し物足りません。

　なゆた望遠鏡の架台がどのようなものかを見ながら、このことについてご説明しましょう（図2-9）。

図2-9　なゆた望遠鏡の架台の動き方

　ところで夜空の星は、東から昇って西へと沈みます（太陽や月もそうですね）。このような動きを「日周運動」といい、これが起こる原因は地球の自転です（図2-10）。地球は自転軸を中心にして1日に1回ぐるりと回っていますから、天体もまた1日に1回ぐるり

52

と回ります。北の空の天体だと方向は反時計回りで、中心を「天の北極」といいます。ちょうどこの方向が真北になり、そのすぐ近くにあるのが北極星です。反対側には「天の南極」がありますが、日本では地平線の下から現れてこないので見ることができません。一方、オーストラリアやチリなど南半球へ行けば、天の南極を中心に星が回るのを見ることができます。

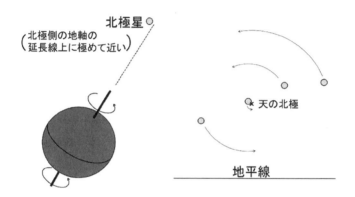

図2-10 日周運動の説明。右は、北半球で北の空を見た場合の天体の動き

ところで、円の一周は360度ですよね。1日24時間かけて360度回るのですから、1時間では15度になります（360÷24＝15）。1分なら0.25度です（15÷60＝0.25）。ちなみに、1度より小さい角度の単位として分と秒があり、「1度＝60分」「1分＝60秒」です。したがって0.25度は15分となり、「時間」の1分につき「角度」で15分動くということになります。

天の北極（南極）からどれくらい離れているかで、日周運動に伴う実際の空の上での動きは異なりますが、日周運動で360度動くのに合わせて星も360度回ります。時間の1分だと角度15分動くわけですが、「角度で15分」というのが空の上でどんな大きさなのか、ピンと来ないかもしれません。そこで、太陽や月を使ってこのこと

をご説明しましょう。

太陽や満月の直径はだいたい 0.5度（＝30分）です。地球からの距離が一定でないので多少の変化はありますが、目で見て分かるほど変化はしませんから、「30分」と覚えておけば大丈夫です。そうすると星は1分で15分動くわけですから、「2分で満月一つ分」になります。大した動きではないように思えますが、満月を望遠鏡の視野いっぱいにして見てみると、「こんなに速く動くのか」とびっくりすると思います。

なゆた望遠鏡になると、満月は視野に入り切りません。大きすぎるのです。もし、なゆた望遠鏡を止めた状態で星を見ていたら、2分もたたないうちに日周運動によって視野から外れてしまいます。すなわち、「望遠鏡は星の日周運動にあわせて動かせないと、使い物にならない」のです。

## ⑵ 赤道儀と経緯台

望遠鏡を星の日周運動にあわせて動かすことを、「追尾する」といいます。どのように追尾するかによって、望遠鏡は「赤道儀」と「経緯台」の2つに分類できます。先ほど、望遠鏡は架台に載せて固定すること、架台を動かせば望遠鏡の向きが変えられることをお話ししましたが、赤道儀と経緯台では架台が違うのです。

ちなみに小さい望遠鏡には、手動で動かすためのハンドルが付いていて、それを使って星を追尾します。ところが大望遠鏡は手動ではとても間にあいませんから、モーターを使って追尾します。そして、星を追尾するための機構が架台に組み込まれていて、赤道儀と経緯台でまったく動かし方が違うのです。

まずは赤道儀ですが、架台に載せられた望遠鏡を動かすためのギアが、自転軸の回りとそれに垂直な動きをするように作られています（図2-11左）。このタイプの望遠鏡はいったん天体を視野に入れ

54

れば、自転軸の回りをまわすギヤだけを動かすだけで星を追尾できます（ただし、据え付けがちゃんとしていなければなりません）。天体写真を撮る人は、赤道儀を愛用している方が多いのではないでしょうか。

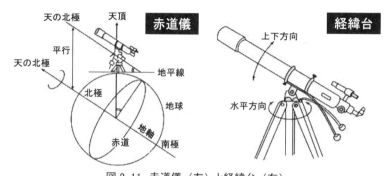

図 2-11　赤道儀（左）と経緯台（右）
出典、日本望遠鏡工業会 HP.https://www.jtmas.jp/fun/knowledge/knowledge_intro.html

　もう1つは経緯台で、地面に対して垂直に動かすギヤと、水平に動かすギヤで望遠鏡の方向を変えます（図2-11右）。カメラを載せる三脚に似ていますね。視野に入れた天体を追いかけるには、2つのギヤを同時に少しずつ動かす必要があります。追尾していくと、視野の中で北の方向が回転して変わっていくので、経緯台は長い時間の露出をかけて天体写真を撮るのには向きません。

　赤道儀と経緯台のそれぞれで、細部の構造などでさらに細かい分類もありますが、ここでは上に書いた違いだけ理解していただければ十分です。

　さてこの2つの方式、どちらが良いでしょうか。そして、なゆた望遠鏡はどちらを採用しているでしょう。

　「どちらが良いか」と問われると、答えは「一長一短があるので、どちらとは決められない」となります。ただ、天文ファンだと天体写真を撮られる方が多いので、赤道儀が好まれる傾向があるよう

です。また、星の追尾がギヤ一つでできるので、公開天文台に使われている望遠鏡にも赤道儀は多いです。ちなみに西はりま天文台の60cm反射望遠鏡は、赤道儀式の架台に載せられています（図2-12）。

図2-12　西はりま天文台の60cm望遠鏡の赤道儀式架台。据え付け軸は天の北極を向いている

　では、なゆた望遠鏡はどちらでしょうか。「60cm望遠鏡が赤道儀だから、なゆたも赤道儀」なのでしょうか。
　実は「経緯台」なのです。この答えには、もしかしたら天文ファン歴の長い人ほど驚かれるかもしれません。先に述べたように、科学館などで一般公開されている望遠鏡の多くは赤道儀です。天体観測の入門書などでも、「少し凝ったことをやりたかったら赤道儀が必要」といった説明を見ることがあります。
　確かに20世紀の終わりころまでは、「大型望遠鏡は赤道儀に載せる」が常識で、特に公開天文台などではそう考えられていました。ところが最近になると、新しく作られた大望遠鏡は経緯台が多くなってきました。日本の国立天文台が1999年にハワイに建設した

すばる望遠鏡（口径8.2m）もそうですし、京都大学が2019年に岡山県に建設したせいめい望遠鏡（口径3.8m）もそうです。

なぜこのように、20世紀の終わりをはさんで、大型望遠鏡の架台ががらりと変わってしまったのでしょうか。

### ⑶ なゆた望遠鏡の「心臓」はコンピュータ

そのカギは「コンピュータ」が握っています。コンピュータの発達によって大型望遠鏡の追尾は、必ずしも赤道儀でなくてもよくなってきたのです。

ところで、研究用の望遠鏡で天体を観測する時は、「自分の手で望遠鏡を動かして目的の天体に向ける」なんていうことはありません。あらかじめコンピュータに正確な天体の位置情報を入力しておけば、後は勝手にコンピュータが架台を動かして望遠鏡の視野に入れてくれます。その後の追尾も手動ではなく、コンピュータまかせです。

コンピュータが発達するにつれて、経緯台でも赤道儀と同じように天体を視野に入れたり、追尾したりできるようになってきました。「長時間露出している間に視野の中で北の向きが変わってしまう」という経緯台について回った問題も、コンピュータが「視野が回転した分、装置を回して補正する」という制御をできるようになったため、気にしなくてもよくなったのです。こうなると、赤道儀を使わなくてはいけないという理由はなくなります。

それだけではなくて赤道儀には、大きな問題があったのです。それは「重い」、そして「高い」ということです。

巨大な望遠鏡には、それに見合った巨大な架台が必要です。これがいいかげんな作りだと、望遠鏡を安全に動かすことができませんし、観測中に振動などが起きたりしたら文字通り目も当てられません。ただでさえ巨大望遠鏡の巨大な架台は重いのですが、それだけ

でなく、赤道儀には経緯台より重くなってしまう仕組みがあるのです。

　図2-11左をじっくり見ると、赤道儀だと望遠鏡の筒（鏡筒）の位置が、観測する方向によって赤道儀の中心線から左右にずれてしまいます。そうなるとバランスが悪くなってしまうので、バランスをとるための「重り」を鏡筒の反対側に置き、これをバランスウェイトといいます。このバランスウェイト、経緯台にはありません。巨大望遠鏡はただでさえ重いのですが、赤道儀はバランスウェイトをつける必要があるので、さらに重くなってしまうのです。

　そして赤道儀の架台は、望遠鏡と同じかそれ以上にお金がかかるのです（＝高い）。どうせお金を使うなら、架台ではなくて本体の望遠鏡に使いたいですよね。そうなると、コンピュータの発達で経緯台の欠点がなくなるのだったら、架台を「重くない」「高くない」経緯台にするというのは当然といえるでしょう。

　それでは次に、なゆた望遠鏡を制御するソフトウェアについてご説明しましょう。

　観望会でなゆた望遠鏡の鏡を指して「これがなゆたの心臓にあたる鏡です」と説明しているのですが、「これでいいのかな」とちょっと迷うことがあります。というのは、なゆたの心臓にふさわしいのは、制御している中枢コンピュータかもしれないからです（頭脳かも知れません）。

　なゆた望遠鏡は人の手で頑張って動かせるサイズではないので、コンピュータが動かないとどうにもなりませんから、制御部分がとても重要になります。望遠鏡が収められているドームの隣には「制御室」があり、なゆたを制御するコンピュータはここに置かれています（図2-13）。観望会でも研究観測でも、「制御室」にはなゆた望遠鏡を動かす担当職員が常駐して制御しています。

　導入したい天体を指定すると、なゆた望遠鏡の架台がそちらへ動

いていきますが、その天体を視野に入れるためにもう一つ必要なものがあります。それは、「今の正確な時刻」です。

図2-13　なゆた望遠鏡の制御コンピュータ（中央）。
左の少し低いものは時刻サーバー

　先ほどお話したように、地球の自転に伴い天体は1日で東から西へと動く日周運動をしています。それだけではなく、地球は太陽の回りを回っていますから、同じ時間でも季節ごとに見える星座が変化していきます。こちらは日周運動に対して、「年周運動」といいます。星空案内の本などに「春の星座」とか「夏の星座」と書かれていますが、これは年周運動によって見える星座が変わり、春や夏に「見やすくなる星座」ということを意味します。「見やすい」とはどういう意味かというと、「暮れてしばらくして、20時や21時くらいに星座が空高く昇る」ことを指すようです。

　星は日周運動で時々刻々と動いていきますし、年周運動によって同じ時刻でもその位置は毎日少しずつ変わっていきます。そのため、目的の天体を望遠鏡の視野に入れるためには、「天体の位置」と「今の正確な時刻」という2つのデータが必要になります。この

うち「天体の位置」はあらかじめコンピュータに記憶させていますが、「今の正確な時刻」は制御コンピュータには分かりません。

　そこでなゆた望遠鏡の制御室には、「今の正確な時刻」を知るための別のコンピュータ、「時刻サーバー」が置かれています。これは全地球測位システム（GPS、複数の人工衛星からの電波を受信して、自分がいる地球上の位置を割り出す）を用いて正確な時刻を取得し、その情報を制御コンピュータに送ります。

　このようにして「天体の位置」と「今の正確な時刻」から、制御コンピュータが今向けるべき方向を割り出し、なゆた望遠鏡の視野に目的の天体を導き入れているのです。

# 第3章

# 太陽系の惑星と月、
# いろいろな恒星と星雲

## 第1節　太陽系の惑星たちと月

　この章では、口径2メートル（m）のなゆた望遠鏡を使って観察できる天体についてお話しします。

　最初は、地球と同じように太陽のまわりをまわっている惑星と、地球のまわりをまわる月についてです。これらの天体は、なゆた望遠鏡のかっこうのターゲットです。惑星は地球を含めて8つあり、水・金・地・火・木・土・天・海と覚えた人もいるかもしれません。「冥王星が抜けているのでは？」と思われるかもしれません。実は、冥王星は惑星ではなくなってしまいました。そのことも、この節の最後でご説明します。

　それでは、太陽に近い惑星から順にたどっていきましょう。

### (1) 水星

　太陽にもっとも近い惑星は水星です。ところが、水星をなゆた望遠鏡の観望会で見ることはほとんどありません。というのは、水星はとても見えにくいのです。そのため、地動説の提唱者であるコペルニクスですら、一度も水星を見たことがないといわれています。どうしてそんなに見えにくいのでしょうか。

61

図3-1は太陽に近い4つの惑星が、太陽のまわりを回っているようすを示したものです。

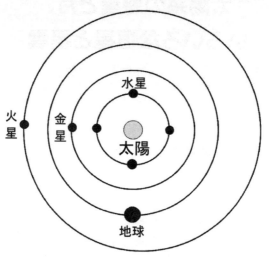

図3-1 太陽に近い4つの惑星が太陽のまわりを回る様子

この図を見ると、水星は地球に比べてはるかに内側を回っていますね。そのため地球から見た水星は、太陽から大きく離れることがありません。実際に空をながめてみると、水星は太陽が沈んですぐの西の空か、昇る前の東の空低くにしか見えません。したがって夕方の観望会で（太陽が昇る前は観望会をやっていませんから）西の空をながめても水星が見える時間はとても短いのです。

ですが、西はりま天文台から水星を見ることは、不可能ではありません。水星を観測するには、夕方の西の空にある時が観測に適していて、そのような時を水星の「東方最大離角」といいます。漢字がたくさん並んでいますが、水星が「太陽から見て東に最も離れた時」という意味です。東方最大離隔の中でも、春から初夏は黄道（太陽の通り道）が高く昇ってくるので、特に観測しやすくなりま

す。図3-2はそのような日に撮影した水星の写真です。

とはいえ、水星の観測にもっとも適した春〜初夏の東方最大離角でも、なゆた望遠鏡で観望会の参加者全員に見ていただくのはけっこう時間がかかるため、時間的に間に合いません。このことも水星が見にくいという理由の一つです。こうしたことから考えると、なぜ水星が古代からその存在が知られていたのか、私には不思議でなりません。

図 3-2　春の東方最大離隔の水星（2020年4月撮影）。
月、金星と接近していて、水星は月の右上に見えている。
金星は月から右に離れて、雲の少し上のほうに見える

## (2) 金　星

次の金星は、水星に比べるとずいぶん観測しやすい天体です。金星も地球より内側を回っているので、太陽に近い方向にしか見えないのは水星と同じです。ところが金星は、水星よりもかなり外側を回っているので、その分太陽から見かけ上大きく離れ、夕方に長い時間見ることができます。そのため、観望会で見ていただく対象にもよく選ばれます。

ところで、金星は分厚い雲に覆われているので、「なゆた」のような大望遠鏡で観察しても表面の模様はほとんど分かりません（口絵3-1①）。そのような金星が観望会の見どころになっているのは、

63

「満ち欠けをする」からです。地球より内側を回る金星と水星は、太陽の光が当たらない部分を地球に向けることがあるので、月と同じように満ち欠けをするのです。とはいえ水星はそもそも観測しにくいし小さいので、満ち欠けをする惑星を観測するには金星が最適なのです。

金星は、「UFO（未確認飛行物体）」と間違えられることもあります。金星は全天で太陽と月の次に明るい天体なので、とても目につきやすいのがその理由です。晴れた夕方の空の金星を見慣れていると「間違えようがないのでは」と思いますが、例えば夏の夕立がやんだ晴れ間に金星が見えた時、雲が風で激しく流れていると、雲ではなくて金星が激しく動いているように錯覚して「UFOだ」と思ってしまうのです。

### ⑶ 月

地球の上で暮らしている私たちにとって、月はもっとも身近な天体かもしれません。ところが月は、西はりま天文台にとってはけっこう "邪魔" なのです。なぜかというと月は「明るすぎる」ので、暗い星が見えなくなってしまうのです。満月近くになると夜空をこうこうと照らして、「天体観測に月ほど邪魔なものはない」とも思ってしまいます。

とはいえ、月もちゃんと観望の対象になります。

観望会で月を見る場合は、欠け際を見ていただきます。「よく光っている部分のほうが見やすいのでは」と思われるかもしれませんが、月の表面にあるクレーターは欠け際のほうが、太陽の光が斜めに当たって大きな影ができるから見やすいのです。ちなみに、クレーターは隕石のぶつかった跡のことで、いかにも月面という感じがします。

「ということは、満月は……」。そうなんです、観望会の時に一番

第 3 章　太陽系の惑星と月、いろいろな恒星と星雲

困るのは実は満月なのです。満月には欠け際がないのでクレーターが見づらいし、夜空に強すぎる光を放って他の星を見る邪魔をします。しかも、太陽の反対側にあるのでほぼ日没から日の出まで、夜の間ずっと空に居座り続けます。いってみれば、「月に一度のお邪魔虫」といったところでしょうか。

### ⑷ 火　星

　火星は、かつては火星人が住んでいるのではないかと思われたり、今でも地球外で移住する天体の候補として名前があがったりと、いろいろ話題に上ることが多い惑星です。地球のすぐ外にある惑星なので、火星はさぞかし見やすいだろうと思われそうですが、意外にそうでもありません。

　図3-3は火星が地球に接近した時の、距離と見かけの大きさの変化を表しています。火星のように地球より外を回っている惑星（このような惑星を、外惑星といいます）は、地球より公転速度が遅いので、地球が惑星を追い抜いていきます。そして外惑星が一番観測しやすいのは、太陽から見て地球のちょうど反対側に来た時（衝といいます）です。衝をすぎて地球が惑星を追い越すと、次にその惑星が観測しやすくなるのは地球が再び追いついた時です。

　ところで火星は、地球のすぐ外を回っています。すると木星や土星のようにずっと外を回っている星に比べて、地球が火星を追い抜いてからまた追いつくまでにかかる時間が、とても長くなります。なぜかというと、火星の公転速度は地球よりは遅いとはいえ、木星や土星よりずっと速いからです。ちなみに衝から次の衝までの時間（会合周期といいます）は木星が399日、土星が378日なのに対して、火星は780日（すなわち約2年2か月）もかかります。

65

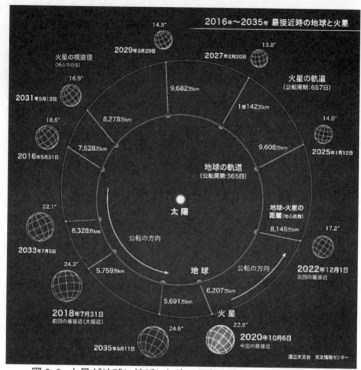

図 3-3　火星が地球に接近した時の距離と見かけの大きさの変化
出典：国立天文台天文情報センター HP
　　　https://www.nao.ac.jp/astro/basic/mars-approach.html

　その結果どうなるかというと、「火星の見ごろがない年」がだいたい 1 年おきにやってくるのです。木星やそれより外側の惑星では、季節の移動はありますが毎年どこかで見ごろになります（年末年始を挟むと、「衝がない年」になることもありますが）。
　火星にあるけれども他の惑星にはない特徴に、「軌道がかなりつぶれた楕円形をしている」ということがあります。そのため太陽と火星の距離が大きく変化して、太陽に一番近いとき（近日点）は 1.38 天文単位（太陽と地球の平均距離を天文単位といい、1 天文単位は約 1 億 5000 万 km）ですが、一番遠いとき（遠日点）は 1.67 天文単位

第3章　太陽系の惑星と月、いろいろな恒星と星雲

にもなります。そのため、衝が近日点の近くで起こるか遠日点の近くで起こるかで地球と火星の距離が2倍近く違い、見かけの大きさも2倍近く変わるのです。ちなみに、近日点付近で起こる衝を「大接近」、遠日点付近で起こると「小接近」といいます（図3-3をじっくりご覧ください）。

　ところで火星は、赤く見えることをご存じかもしれません。望遠鏡で見ると火星の表面はオレンジ色をしていますが、よく見ると黒っぽい模様が見えます（口絵3-1②）。これは火星の表面の模様です。2018年の火星大接近でこの模様がよく見えるかと期待されたのですが、よりによって大きな砂嵐が発生していたようで、よく見えませんでした。観測には地球だけではなく、火星の天候も大事だということですね。

## ⑸ 木　星

　木星は太陽系の中で最も大きな惑星で、見かけもかなり大きいため、なゆた望遠鏡で見ると「月みたいだ」といわれることがあります。その木星でとりわけ目立つのが「縞」です。この縞は木星の大気中にできる帯で、望遠鏡だとかなりくっきり見えます。

　そして、大赤斑と呼ばれる赤い模様も見ることができます。大赤斑は木星の台風といわれたりしますが、地球の台風が低気圧なのとは違って、こちらは高気圧です。また、地球の台風は長くても2〜3週間で消えてしまいますが、大赤斑はガリレオが発見してから400年ほど経ちますが、ずっと消えずに残っています。ときどき色が薄くなったりして、「とうとう消えるか」と思われたりしたのですが、ずっと消えずに木星の表面に見え続けています。ただ全周を取り巻く帯とは違って、大赤斑は地球から見て反対側に回ると見えなくなります。

　木星を望遠鏡で見ると、木星の横に明るい光点がポツポツと並ん

67

で見えることがあり、皆さんも見たことがあるかもしれません（口絵3-1③）。これは木星の衛星です。木星には60以上の衛星があるのですが、なゆた望遠鏡で見えるのはそのうち4つで、内側からイオ・エウロパ・ガニメデ・カリストと名付けられています。これらはガリレオが木星に望遠鏡を初めて向けた時に発見したので、「ガリレオ衛星」ともいいます。木星の後ろに回ったり視野からはみ出たりしていつも4つ全て見えるわけではないのですが、見やすい衛星です。

　ガリレオの時代でさえ4つ見えたのだから、なゆた望遠鏡ならもっとたくさん見えてもよさそうなのですが、残念ながらそうはなりません。他の衛星はどれもとても小さくて暗く、なゆた望遠鏡のような大口径でも見ることはできないためです。

### ⑹ 土　星

　土星は観望会で人気がある天体のベスト3に入ります（アンケートをとったわけではありませんが、おそらくトップではないかと思います）。人気の理由は、土星をとりまく輪（リング）の存在です（口絵3-1④）。土星本体の直径は木星より一回り小さく、木星より遠くにあるので見かけの大きさはさらに小さいのですが、リングを含めると見かけの大きさが木星と同じくらいになります。

　リングはとても見やすく、土星そのものが隠れて見えないのでなければ、見えないことはまずありません。空が安定した晩だとリングに細い隙間（すきま）があるのも分かり、これは「カッシーニの空隙（くうげき）」と呼ばれます。この隙間は小さな望遠鏡でも慣れれば見ることはできますが、やはり口径が大きい方が見やすいです。「エンケの空隙」というカッシーニの空隙より細い隙間もありますが、これはなかなか見るのがむずかしく、年に一度見えるかどうかというところです。

　土星のリングは「見えないことはまずありません」と書きました

第3章　太陽系の惑星と月、いろいろな恒星と星雲

が、実は見えなくなることが15年に一度あります。なぜかというと、このリングはとても薄いので、真横から見ると見えなくなってしまうのです。特に地球がリングの完全に真横になる時や、太陽の光が真横から当たる時には、どんな大望遠鏡を使っても見えません。その代わり、土星本体に映ったリングの細い影を見ることができます。ちなみに、次にリングが見えなくなるのは2025年です。どんなふうに見えるのか、待ち遠しいですね。

ところで、土星の周りにも衛星がありますが、小さい望遠鏡でも大きな望遠鏡でも見えるのは4つという木星の衛星とは、少し事情が違います（図3-4）。

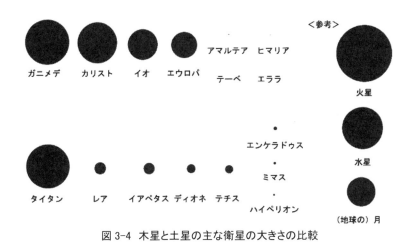

図 3-4　木星と土星の主な衛星の大きさの比較

小さな望遠鏡で見ることのできる土星の衛星は1つ、タイタンという大きな衛星だけです（土星の周りを見慣れている人だと、もう1つくらい見えるかもしれません）。もう少し口径の大きい望遠鏡を使うと、タイタンよりも暗いレア・テティス・ディオネが見え始めます。なゆた望遠鏡では、最大で7つくらい衛星が見えます。とはいえ、視野の外にはみ出してしまったり、土星本体に近すぎて分かり

69

にくかったりすることもあるので、必ずしも全部を見られるわけではありません。

このように土星の衛星は、望遠鏡の口径の大きさによって何個見えるかが格段に違います。なぜこのように、木星と土星で衛星の見え方が違うのかというと、衛星の大きさの分布が木星と土星で大きく異なっているからです。木星は大きな4つの衛星があってその次はぐんと小さくなりますが、土星はタイタンより小さいとはいえ中程度のサイズのものが多いのです。そのためこれらの衛星が、口径に応じて見えてくるというわけです。

## (7) 天王星

肉眼でかんたんに見られるのは、土星までです（水星も「かんたんに」とはいえませんが）。そのため水星・金星・火星・木星・土星の5つの惑星は、古代からその存在が知られていました。

一方、土星の外側にはさらに天王星・海王星があることが知られるようになったのは、近代になってからでした（天王星の発見は1781年、海王星は1846年）。とはいえ、天王星は明るい時には5等級くらいになりますから、ぎりぎり肉眼で見ることができます。そのため発見される前にも、星図（星の地図のこと）に恒星と間違えて記録されていたことがありました。しかし肉眼でちゃんと見ようとしたら、星図などと見比べながら空を探さないといけないので、なかなか大変だと思います。

なゆた望遠鏡で見ても、天王星は土星までの惑星と比べるとかなり地味です。天王星の直径は地球の4倍くらいしかなく（木星は11倍、土星は9.5倍）、おまけに木星や土星よりずっと遠くにあるので、見かけの大きさが小さく、しかも目立った模様もないからです。

ところが天王星には、土星までの惑星にはない見どころがあります。それは、天王星の色です。小さい望遠鏡だとちょっと分かりに

くいのですが、天王星は青緑色をおびています（口絵 3-1⑤）。この
ような色は普通の恒星にはまず見られませんし、土星までのどの惑
星とも違っています。この青緑色は、天王星の大気の主成分である
メタンが出す色だと考えられています。私は、天王星の青緑色は
ちょっとした見ものだと思っています。

## ⑻ 海王星

　海王星は現在のところ、太陽系で最遠の惑星です。見かけの大き
さは天王星よりさらに一回り小さく、ぽつんとしか見えません。そ
れでもなゆた望遠鏡のような大きな望遠鏡では点でなく円形に見え
るのは、さすがは惑星だと思います。

　海王星も色が特徴的で、天王星よりさらに深みがかった青い色を
しています（口絵 3-1⑥）。探査機で撮影された姿はとても美しい群
青色で、天王星と比べても青みが強いと言われています。この群青
色も天王星と同様、メタンの大気に由来すると考えられています。
ところがその色は、地上からの観望ではなかなかはっきりとは分か
らず、天王星に比べても分かりにくいです。

## ⑼ 冥王星

　海王星までやってくると、「次は冥王星」と思う方もいらっしゃ
るでしょう。冥王星は見ることはできるのですが、大きな望遠鏡で
も点にしか見えません。冥王星は月の 3 分の 2 ほどの大きさしかな
く、おまけにとても遠くにあるからです。色も望遠鏡では分かりま
せん。

　ところで冥王星は、「以前は惑星だったのに今は惑星ではない」
ということをご存じの方も多いと思います。ちなみに私が子ども
のころは、太陽系の惑星といえば「水・金・地・火・木・土・天・
海・冥」の 9 つで、冥王星もちゃんと入っていました。それが今で

71

は、太陽系の惑星は8つとされています。

　なぜ9つが8つに減って冥王星が「追い出された」のかというと、惑星の定義が変わったからです。というか、「ちゃんと定義された結果、惑星から冥王星は外されてしまった」といったほうが正しいでしょう。

　冥王星は発見されて間もなく、とても奇妙な惑星であることが分かってきました。木星から外側の惑星はいずれも大きいのに、冥王星は水星と同じくらいの小さな天体でした。さらにその軌道も変わっていて、太陽に近づく時は海王星よりも内側に入り込んでしまうのです。20世紀の終わりがちょうどその時期にあたっていたので、太陽に近い順番が「水・金……冥・海」となり、そのように書いている本もあったくらいです。

　ところが1990年代の終わりになると、冥王星の軌道の近くに他にも小天体がたくさん見つかりはじめました。これらの天体はエッジワース・カイパーベルト天体（EKBO＝えくぼ）と呼ばれています。EKBOが次々と見つかるので、「もしかしたら冥王星は惑星ではなく、EKBOの中で特に大きいものではないか」という疑問が生まれてきたのです。

　ところで惑星とは、どんな天体のことをいうと思いますか。「太陽のまわりを回っている天体」でしょうか。実は太陽のまわりを回っているのは惑星だけでなくて、小惑星という小さい天体が回っていて、火星と木星の間には特にたくさんあります。小惑星といっても、大きなものでは直径1000kmにもなります。そのほかに、彗星も太陽のまわりを回っています。ところが小惑星も彗星も、惑星には入れてもらえません。なぜでしょうか。

　実は2006年まで、この「なぜ」へのちゃんとした回答がなかったのです。どういうことかというと、惑星とそれ以外を分ける明確な定義がなくて、木星から冥王星までの大きさのものを習慣的に惑

72

第3章　太陽系の惑星と月、いろいろな恒星と星雲

星と呼んでいただけだからです。ところがEKBOが次々と見つかってきて、「惑星の定義をちゃんとしておかないと、まずいのではないか」ということになり、2006年に世界中の天文学者が集まった国際天文学連合の会議で惑星の定義が明確にされたのです。

　その定義は、分かりやすくいうと以下の3つです。


・太陽のまわりを周回していること。
・ほぼ球形をしていること。
・軌道近くに、匹敵する質量をもつ天体がないこと。[*1]


　このうち、冥王星が惑星ではなくなったポイントは3つめです。冥王星は海王星と軌道が交差していますから、軌道近くに、匹敵するどころかはるかに大きな質量をもつ海王星という天体がいます。つまり「軌道近くに、匹敵する質量をもつ天体がない」の条件を満たさないのです。

　なぜこんな定義になったかというと、これは惑星が形成されるプロセスについて理論的に解明されてきたからです（詳しくは、第5章をご覧ください）。

　冥王星は14等星なので、なゆた望遠鏡を使えば見ることはできます。ただ遠方にあって小さいため、残念ながら丸い形には見えません。そのため、まわりの恒星と区別がつかないので、まわりの星図を作って見比べないと「これが冥王星だ」とは分かりません。こうしたことから、観望会で取り上げることはできないのです。


**参考文献**
　＊1　渡辺潤一、天文月報、587頁、2006年10月号。


73

## 第2節　恒　星

　第1節でご紹介した惑星と月は、人間の眼に見えるような光を出していないので、太陽の光を反射して輝いています。一方、夜空に見えるほとんどの星は太陽と同じように自分で輝いていて、「恒星」といいます。恒星は、直径も質量も惑星よりけた違いに大きいので、なゆた望遠鏡で見たらさぞかし壮大に見えそうです。ところが残念ながら、恒星は点にしか見えません。なぜかというと、太陽系からずっと遠くにあるからです。

　点にしか見えないのから、なゆた望遠鏡で見る意味はないのかというと、そうでもありません。そのへんのお話を、第2節ですることにしましょう。

### (1) 星の色

　恒星はなゆた望遠鏡でも点にしか見えませんが、一つひとつの星ではっきり違うものがあります。それは星の色です。赤っぽい星もあれば黄色みがかった星、特に色を帯びていない白い星、青白い星、とさまざまな色の星があります。

　ところで、星の色はなぜ違うと思いますか。

　最初に身近な惑星で考えてみましょう。まず地球ですが、人類として初めて宇宙に出たソビエトのガガーリンは、「地球は青かった」といったと伝えられています。なぜ「青い」のかといえば、それは地球が水の惑星だからです。また、火星の色は第1節でお話ししたように赤ですが、この原因はその表面に酸化鉄（鉄サビ）を含む岩石が多いからです。天王星の青緑色、海王星の群青色は、大気のメタンに由来していましたね。このように惑星は、主に表面や大気の成分がその色を決めます。

第3章　太陽系の惑星と月、いろいろな恒星と星雲

　ところが恒星は、惑星と違って成分にほとんど差はなく、ほぼ水素とヘリウムだけでできています。ということは、恒星の色の違いは惑星とは違ったことで決まっているのです。

　実は恒星の色が違うのは、「表面温度が違う」のが原因です。

　先ほど、恒星は自分で輝いている（＝光を出している）と書きましたが、恒星に限らずあらゆる物体は自分の温度に応じて光を出しています（人間も例外ではありません）。ということは、惑星も光を出しているのでしょうか。実はそうなのです。この節のはじめで、「人間の眼に見えるような光を出していない」と書きましたが、惑星は「人間の眼に見えない光」を出しています。それはどんな光かというと、赤外線です。

　皆さんは虹を見たことがありますか。虹は、「赤・橙・黄・緑・青・藍・紫」の七色でできていて、これらの色は眼に見えるから「可視光」といいます。虹の色の順番は何で決まっているかというと、波長が長いものから短いものへ並べてあります。光は可視光だけでなく、人間の眼に見えない光もあります。赤よりも波長の長い赤外線、紫よりも波長の短い赤外線がそうです。

　ところでコロナ禍での最中、レストランの入り口などで顔を器械に近づけて体温を測ったことがあると思います。あの温度計はどうやって温度を測るかというと、人間の皮膚から出る赤外線の強度を測っています。体温が違うと赤外線の強さが違ってくるので（高いほど強くなります）、直接触れなくても体温が分かるのです。このとき、出てくる赤外線の波長も変化します。体温が低いと、波長の長い赤外線が出てくるのです。

　恒星の色が違うのも、このことと原理はまったく同じです。ただ、恒星の表面温度は人間よりずっと高くて数千度以上あるので、出てくる光は赤外線ではなくて可視光線です。

　表面温度の違いに基づいた恒星の分類が、「スペクトル分類」で

75

す。星の光を波長ごとに分けて（これをスペクトルといいます）、その特徴をもとにして星を分類したところ、これが表面温度の違いによく対応していることが分かりました。表面温度が高いほうから分類すると、O・A・B・F・G・K・M・L・Tとなります（低温の星で通常の星と元素組成が少し違う場合、C・Sという分類も加わります）。

なんだかバラバラにアルファベットがつけられていますが、これは当初はスペクトルの特徴に基づいていたものを表面温度順に並べ直した、という歴史的な事情によります。これを覚えるための有名な語呂合わせもあり、それは "Oh, Be A Fine Girl, Kiss Me Right Now, Smack!"（以前、CはRとNに分けられていました。LとTは新しい分類なので、この語呂合わせには含まれていません）です。これを訳してみると「あぁ、すてきなお嬢さん、今すぐ私にキスして。チュッ！」となり、今の時代にこれを使うとセクハラになってしまいます。おそらく20世紀の前半ころ、アメリカの大学で編み出されたものでしょう。

星のスペクトル型はさらに、温度が高い方から低い方へ0・1・2…9と分類します。また、同じスペクトル型でも明るさが違うこともあるので、明るい方から順にⅠ～Ⅴのローマ数字を付けてさらに分類します（例えば、太陽はG2Ⅴ型）。

## ⑵ 赤い星

観望会でよく見られる恒星は、「赤い」星です。青白い星は「ほんの少し青いかな」という程度ですが、赤い星は「しっかり赤い」という星が少なくないのです。そんな赤い星のなかからいくつかを紹介します。

### ガーネットスター
観望会でしばしばとりあげる赤い星がガーネットスターで、正し

くはケフェウス座μ星といいます（図3-5左）。このニックネームは、天王星の発見者のウィリアム・ハーシェルが、その深い赤みがかった色にちなんで名づけました（昔はエラキスとも呼ばれましたが、今ではその名前はほとんど使われません）。明るさを変える変光星で、たいていは4等前半くらいで光っていることが多いようです。

　ガーネットスターは大きさが太陽の700倍くらいある巨大な星で、このような星を赤色巨星と呼びます（ガーネットスターは赤色巨星の中でも特に大きいため、超巨星とも呼ぶことがあります）。赤色巨星は星が年老いて大きく膨らんだ姿です。観望会で見る赤い星の多くは赤色巨星に属しています。

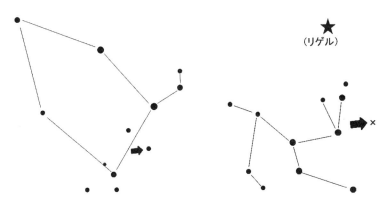

図3-5 （左）ケフェウス座とガーネットスターの位置（➡）、（右）うさぎ座とクリムゾンスターのおおよその位置（➡）。うさぎ座は暗い星ばかりなので、参考に近くのリゲルも入れました

### クリムゾンスター

　クリムゾンスター（うさぎ座R星）も、とても赤い星です（図3-5右）。この星のように、赤い星の中でも特に赤みが強い星の多くは、「炭素星」というグループに属します。炭素星はその名が示す通り、星の表面近くに炭素が多い星で、スペクトル型「C」型に分類されます。この「C」は炭素（carbon）の頭文字に由来します。

77

この星も変光星ですが、ガーネットスターよりさらに明るさが大きく変わります。明るい時は5等くらいですが、暗い時は11等くらいになってしまいます。ですから、比較的明るいときにしか観望会でも見ることはありません。

### ⑶ 1等星

1等星も、なゆた望遠鏡の観望会でしばしばとりあげられます。明るい1等星でも点にしか見えないのですが、星の一つひとつでさまざまに色が異なります。名前がよく知られている天体も多く、月があっても見やすいので、満月の夜の観望会では"助け舟"としても大切な存在です。

表3-1は、そういった1等星をまとめたものです。色はおおよそのもので、見え方には個人差がありますから、ぜひご自分の眼で実際に見ていただければと思います。変光星もいくつかありますが、明るさを大きく変えるベテルギウスとアンタレス以外は、人間の眼では明るさの変動はほとんど分かりません。そのため、この2つの星以外は変光星とは書いていません。


## 第3節　二重星

恒星の中には、肉眼では1つに見えるけれども、望遠鏡で見ると2つ（あるいは、それ以上）の星に分離して見えるものがあります。このような星のことを「多重星」といい、一番多いのは2つの恒星が寄り添った二重星（ダブルスター）です。3つ以上だと三重星（トリプルスター）、四重星（クアドロプルスター）、五重星（クインタプルスター）となりますが、実際は四重星以上の英語読みは（少なくとも日本では）ほとんどないようです。

第3章　太陽系の惑星と月、いろいろな恒星と星雲

表 3-1　なゆた望遠鏡の観望会でよく見られる1等星
等級データは「主な恒星」（天文年鑑　2023年版、誠文堂新光社）より

| 星　　名 | | 等　級 | 色など |
|---|---|---|---|
| シリウス | （おおいぬ座 $\alpha$） | −1.46 | 白 |
| アークトゥルス | （うしかい座 $\alpha$） | −0.04 | 橙 |
| ベガ | （こと座 $\alpha$） | 0.03 | 白 |
| カペラ | （ぎょしゃ座 $\alpha$） | 0.08 | 黄白 |
| リゲル | （オリオン座 $\beta$） | 0.12 | 青白 |
| プロキオン | （こいぬ座 $\alpha$） | 0.38 | 黄白 |
| ベテルギウス | （オリオン座 $\alpha$） | 0.50 | 赤・変光星 |
| アルタイル | （わし座 $\alpha$） | 0.77 | 白 |
| アルデバラン | （おうし座 $\alpha$） | 0.85 | 橙 |
| アンタレス | （さそり座 $\alpha$） | 0.96 | 赤・変光星 |
| スピカ | （おとめ座 $\alpha$） | 0.98 | 青白 |
| ポルックス | （ふたご座 $\beta$） | 1.14 | 橙 |
| フォーマルハウト | （みなみのうお座 $\alpha$） | 1.16 | 白 |
| デネブ | （はくちょう座 $\alpha$） | 1.25 | 白 |
| レグルス | （しし座 $\alpha$） | 1.35 | 青白〜白 |

　多重星とよく似たものに「連星」があり、これは2つかそれ以上
の星が重力によって結びついて、お互いのまわりを公転しあってい
る天体です。そうすると、「連星はすべて、多重星として見えるの
では」と考えますよね。ところが実際は、連星にはお互いが遠く離
れているものもあれば、とても近いものもあります。2つ（あるい
は、それ以上）の星があまりに近すぎると、望遠鏡を使っても分離
して見ることができません。つまり連星のうち比較的離れたものだ
けが、望遠鏡で多重星として見ることができるというわけです。

　一方、多重星はすべて連星ということでもありません。なぜな
ら、実際はものすごく離れているけれども、地球から見てたまたま
同じ方向にあるので、「くっついて見える」というのもけっこうあ
るのです。このような場合は、「見かけの多重星」といいます。

　多重星は見栄えがするので、観望会でよく取り上げられます。こ

79

こでは、人気が高い多重星や天文学的に興味深い多重星をご紹介しましょう。なお色については、表3-1でもそうでしたが、あくまで参考程度にしてください。

### (1) 春の二重星　うしかい座 ε（プリケリマ）

春の星座、うしかい座 ε 星（イプシロン）のプリケリマ（2等星）は、もともとはイザールといわれていました。ところが二重星や連星を研究していたロシアのシュトルーベが、「もっとも美しい」という意味のプリケリマという名前をつけて、今ではこちらが広く使われています（図3-6）。

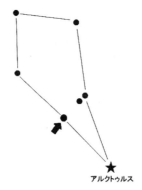

図 3-6　うしかい座とプリケリマの位置（➡）

プリケリマは離隔（星同士の見かけ上の距離。単位は度・分・秒で、1度＝60分、1分＝60秒）が2.8秒しかなく、観望会で取り上げる二重星の中ではかなり近接しています。ちなみに満月が30分、視力1.0の人が見分けられる角度が1分とされています。離隔が1秒より小さいと、空の条件がよほど良い時などでなければ、望遠鏡でも見分けることは難しくなります。

プリケリマはオレンジ色の主星と青白い伴星からなり、色の違う

第3章　太陽系の惑星と月、いろいろな恒星と星雲

2つの星がくっついている様子は、シュトルーベが「もっとも美しい」といったのも「なるほど」とうなずけます（口絵3-2左上）。

### (2) 夏の二重星　はくちょう座β（アルビレオ）

アルビレオははくちょう座のβ星で、白鳥のくちばしのあたりにあります。はくちょう座は星をつないで星座の姿を想像しやすいので、アルビレオは見つけやすい星といえるでしょう（図3-7）。

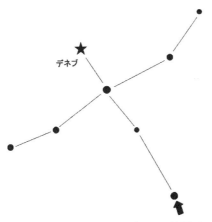

図3-7　はくちょう座とアルビレオの位置（➡）

アルビレオを望遠鏡で見ると、赤い星と青い星が並んでいるのが分かります（口絵3-2右上）。離隔が29秒と比較的大きいので、容易に2つの星を見分けられます。小型望遠鏡でも美しい二重星として見ることができますが、倍率が低いとあまり離れて見えません。ところが、なゆた望遠鏡だと倍率を高くできるので、はっきり離れて見えるのです。

アルビレオは宮沢賢治の「銀河鉄道の夜」にも登場するくらい有名な二重星ですが、連星なのか見かけの二重星なのかはよく分かっていませんでした。というのも、2つの星があまりに遠く離れてい

るため、もし連星だとしても公転周期が数十万年になってしまい、連星かそうでないかの確証がつかみにくかったからです。最近の研究で、やっと実は見かけの二重星だということが明らかになりました。

### (3) 秋の二重星　アンドロメダ座γ（アルマク）

アンドロメダ座は秋の空に見える大きな星座で、アンドロメダ大銀河でよく知られていますが、この星座のγ星（2等星）がアルマクという二重星です（図3-8、口絵3-2左下）。季節ごとに美しい二重星がありますが、秋といえばアルマクといってもいいでしょう。

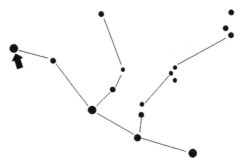

図3-8　アンドロメダ座とアルマクの位置（➡）

アルマクの離隔は10秒で、プリケリマとアルビレオの中間です。色はオレンジと青で、見事に補色関係になっています。観望会でアルマクを見て、「金と銀」と表現をされる方もいますが、なかなかピッタリくる表現だと思います。

実はアルマクには、白い星がごく近接してもう一つあり、本当は二重星ではなく三重星なのです。ところが3つめの星を分離して見るのは、大気が非常に落ち着いている時でないと難しく、私も見たことがありません。

第3章　太陽系の惑星と月、いろいろな恒星と星雲

## ⑷ 冬の二重星　おおいぬ座α（シリウス）

　最後は、太陽を除いて全天でもっとも明るい恒星であるシリウス（おおいぬ座 α 星）です。この星は、天文学的にとても面白い二重星です（口絵3-2右下）。

　とはいえ、シリウスの2つの星を分離して見るのは、これまでの3つに比べて格段に難しいのです。というのは、シリウスの主星は－1等星なのに、伴星は8等星で、お互いの明るさが1万倍も違うからです。こんなに明るさが違うため、伴星が明るい主星の光でかき消されてしまうのです。そのため条件がかなり良くないと、伴星を見ることはできません。

　ここまで紹介した3つの二重星は、みかけの二重星か、連星であってもお互いに回りあう公転周期は極めて長いものでした。そのため、2つの星の離隔や位置関係はほとんど変わりません。ところがシリウスの場合、お互い回り合っている周期がわずか50年です。しかも見かけ上の軌道がかなりつぶれた形をしています。したがって、2つの星が近づいている時と遠ざかっている時で、離隔はかなり変化します。離隔が小さい時は、ただでさえまぶしい主星がきわめて近くにあるので、伴星を見るのはとても困難です。ちなみにここ数年は離隔がかなり大きくなっているので、伴星を見る格好の機会です。

　シリウスの伴星は、白色矮星というとても小さくて重い（密度が大きい）星です（矮星は「こびとの星」という意味です）。白色矮星は、質量が太陽の8倍以下の星が燃え尽きたあとに残る芯で、表面は高温なのに半径が地球くらいしかないため、とても暗いのです。こんなに小さいのに、質量は太陽と同じくらいです。ちなみに太陽も、あと50億年くらいたったら白色矮星になると考えられています。

　ここ数年が伴星の見ごろということで、阿南市科学センターの今

83

村和義さんが提唱者となって「シリウスBチャレンジ」が開催されています（二重星では明るい方からA、Bと呼びます）。西はりま天文台もこのキャンペーンに参加していました。キャンペーンは2024年で終了しましたが、シリウスの伴星はまだ数年は見やすい時期が続きます。条件が厳しいのでいつも見ることができるわけではないのですが、もし機会があったらぜひ挑戦してみてください（図3-9）。

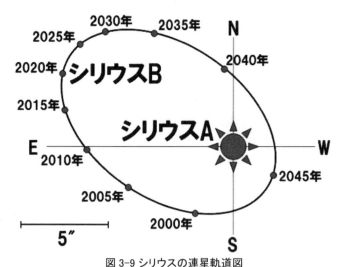

図 3-9 シリウスの連星軌道図
出典：西はりま天文台 http://www.nhao.jp/public/topic/SiriusB.html

## 第4節　星団・星雲

　星雲や星団は、写真で見るとカラフルな色だったり特徴的な形をしていたりと、いかにも大望遠の本領が発揮できそうな天体です。ですが実際に望遠鏡で見てみると、これまで紹介した天体に比べて淡かったり見にくかったりするものが多いので、少し雲がかかって

第3章　太陽系の惑星と月、いろいろな恒星と星雲

いる晩などはなゆた望遠鏡でも見づらくなってしまいます。また、月明かりの夜もよくありません。そのため、観望会でいつでも見られるわけにはいかないのですが、もし見ることができたらそれは滅多にできない体験となると思います。

## (1) 散開星団

　星団は、星がたくさん集まった集団のことをいいます。とはいえ、たまたま同じ方向に星がかたまって見えてもそれは星団ではなく、星団というには「重力によってたくさんの星がまとまっている」ことが必要です。星団には大きく分けて二種類（散開星団と球状星団）あり、このうち散開星団は「数百個くらいの星たちが大きく散らばったように集まっている」星団です。

　散開星団は、生まれてからあまり時間が経っていない星の集まりです。ちなみに星はぽつんと一つだけで生まれることはなく、いくつもの星がまとまって生まれるため、若い星は集団を作っていることが多いのです。「星の学校」のようなものですね。

　人間の学校は、クラスメイト同士が別々の進路を選んで、卒業後はバラバラになっていきます。散開星団もこれと同じように、星が生まれてから時間が経つにつれて、しだいにバラバラになっていきます。散開星団の星たちはあまりバラバラに離れていないので年齢は若く、たいていは数千万年くらいです。数千万年というとちっとも若くないように思えますが、星の年齢は億単位で数えるくらい長いので（太陽の寿命は100億年）、数千万年はまだ若いのです。

　ところで、星の寿命は生まれた時の質量で決まっていて、質量が大きい星ほど寿命が短いことが知られています。質量が大きいということは燃料が多い（星が光るのは、内部で核融合反応が起こっているからで、核融合を起こす元素が「燃料」というわけです）ということなので、燃料が多いほど寿命が長そうですが、なぜそうではない

85

のでしょうか。

　実は、質量の大きい星ほど核融合反応が盛んになるので、燃料がどんどん減ってしまい、寿命も短くなってしまうのです。一方、質量の小さい星は核融合がゆっくりしか進まないので、燃料は長持ちして寿命は長くなります。そのため大きくて明るい星ほど、寿命が短いというわけです。若い散開星団には、質量の大きな星がたくさんあります。そのような星は表面温度が高いので、散開星団には青白い明るい星が目立ちます。

　冬の散開星団M37は、人気の高い天体の一つです（口絵3-3左）。この星団は飛びぬけて目立った明るい星がなく、全体的な印象は"さらさら"した感じがします。

　一方、明るい星が目立つ散開星団もあります。秋に見える h 星団（口絵3-3中）はその典型で、これはペルセウス座の一角にあります。天気の良い夜にはペルセウス座とカシオペヤ座の間に、ぼんやりした雲のように見えます。この星団は「星空の宝石箱」ともいわれ、たくさんの星の中に明るく目立つ星がいくつか見えます。h星団の年齢は1000万歳くらいと考えられていて、散開星団としてもかなり若く、質量の大きい明るい星が残っています。そのような星は散開星団の中では多くないため、星団の中でも目立つのです。

　h星団には赤みがかった明るい星も混じっていて、これらの星があることで宝石箱らしさが際立っています。こうした赤い星は、質量が大きいためとても速く進化して真っ先に赤色巨星に変わったものです。この星団は、大きさと年齢がそっくりの星団が2つ並んでいるため、二重星団ともいいます。かつてはそれぞれ、ペルセウス座を形づくる星としてhとχという名前が付けられていました。その名前を引き継いで、h星団、χ星団と呼ばれています。なゆた望遠鏡では、この2つの星団を一度に視野の中に入れることはできないため、どちらかだけを見ることになります。h星団のほうが見

第3章　太陽系の惑星と月、いろいろな恒星と星雲

栄えが良いので、こちらを観望することが多いようです。

---

## コラム
# Mって何？
メシエ

　観望会の時、解説担当の職員と望遠鏡制御を担当する研究員のあいだで、「M○○（○○は数字）」という暗号のようなものが飛び交うことがあります。解説者によっては、「メシエ○○」と呼ぶこともあります。

　「M○○」は例えば「M13」のように、シャルル・メシエ（18世紀のフランスの天文学者）が作った天体カタログに記載された「記号と番号」です。メシエはもともと、彗星を探すのを専門にしていたのですが、当時はまだ望遠鏡の性能がさほど高くありませんでした。そのため、星雲や星団がぼんやりとした雲のように見えてしまい、彗星とまぎらわしくて彗星探しの邪魔になっていました。「星雲が雲のように見えたというのは分かるけど、星団は雲のようには見えないのでは」と思われるかもしれません。ところが星団を倍率が低い望遠鏡で見ると、星が分かれて見えず雲のように見えることも多いのです。

　そこでメシエは、彗星と見誤りやすい天体を集めて番号を付けておけば、間違うことが減るのではないかと考えたのです。そのようにしてできたのが「メシエカタログ」で、全部で110個の星雲や星団が集められています。とはいえ、星雲や星団の天文学的な意味についての理解が進む前の時代のカタログなので、中には「なんでこれが載っているの」というのもあります。メシエカタログの天体（メシエ天体）は比較的明るく見つ

---

87

けやすいものが多く、見やすい天体を観望会で選ぶ際の目安に
もなっています。

　なおメシエカタログには、M44（プレセペ星団）やM45（プ
レアデス星団）のように、肉眼で見えるような星団も含まれて
います。M44やM45はどう見ても彗星と間違うことはなさそ
うですが、なぜカタログに入っているのでしょうか。

　実は、メシエカタログは一度に全部刊行されたわけではな
く、最初に出た版に収録されていたのは45番までだけです。
そして最初の版の最後のほうに、みんなが知っている有名な天
体（M44やM45もそうです）を置いたといわれています。カタ
ログの最後の104〜110はメシエ本人ではなく、彼の死後に弟
子が追加したものです。

　メシエは多くの彗星を発見しましたが、残念ながら今でも名
前が親しまれている彗星にその名は残っていません。かわりに
ブラックリストのようなメシエカタログに名前が残っているの
は、なんだか皮肉な感じですね。メシエのカタログ作りを称え
て、北の空の星があまりないエリアに「かんししゃ（監視者）
メシエ」座を置こうとした人もいたのですが、残念ながらこれ
も使われなくなりました。

## ⑵ 球状星団

　星団のうちのもう一つは球状星団といい、その名の通り星が球状
（ボール状）に集まっています。写真を見ればすぐに分かると思い
ます。口絵3-3右は球状星団の代表・M13で、ヘルクレス座にあり
ます。

　球状星団は散開星団に比べて、はるかにたくさんの星がまるで花
火のように集まっています。その星の数は、なんと数十万個もあり

ます。球状星団と散開星団で見た目がずいぶん違うのは、星の集まり方に加えて星の数もまったく違っているからです。球状星団は距離もかなり遠くて、M13は地球から2万光年余りのかなたにあります。こんなに遠いのは銀河系のはずれに分布しているからで、球状星団は銀河系が誕生したころに生まれた星団の生き残りだと考えられています。そのため年齢も120億歳くらいとひじょうに高齢です（宇宙の年齢は138億歳）。

　球状星団は小型望遠鏡だとぼんやりとした雲のようにしか見えませんが、なゆた望遠鏡で見ると星が集まっていることがはっきり分かります。ですから球状星団は、なゆた望遠鏡の口径の大きさが発揮できる観測対象といえるでしょう。

　球状星団は天の川銀河では150くらい知られていますが、形状はどれもよく似ていて、違っているのは中心に行くほど密になっていく度合いくらいでしょうか。季節ごとにいくつかの球状星団が観望会で親しまれています。

### ⑶ 星　雲

　星雲は、その名の通り宇宙の雲です。図鑑などでカラフルな星雲の写真をご覧になったことのある人も多いことでしょう。ですが、そのイメージで星雲を望遠鏡でのぞくと、がっかりするかもしれません。星雲は星そのものではないため非常に淡いのです。カラフルな星雲の写真はかなり長時間の露出をして撮っているため、肉眼で望遠鏡をのぞいた時は見え方がかなり違ってしまうのです。とはいえ眼で見る星雲には、写真とはまた違ったおもしろさがあります。

　宇宙の雲である星雲は、空をただよっている雲と同じように、人間の目に見える光を放っていません。その星雲がなぜ見えるかというと、近くの星が放つ光によって光って見えるからです。星雲の光り方は空の雲とは違い、近くの星の光を反射しているとは限りませ

ん。少し複雑ですが、星の光のエネルギーが雲を作っているガスの原子にわたされて、そのエネルギーが光に変わる、というしくみも星雲を輝かせます。光源となる星が何かによって、星雲はいくつかに分類されます。

### ① 散光星雲

冬に見ることのできるオリオン大星雲の光源は、近くにある生まれたばかりの星です（口絵3-4右上）。このような星雲を、散光星雲といいます。

散開星団のところで述べたように、星はガスの中で生まれるため、生まれたばかりの星の周りには星雲があることが多いのです。質量が特に大きい青白い星は、波長の短い紫外線を強く出しています。紫外線は人間の眼には見えませんが、紫外線を受けたガスの原子が光を放出する時は可視光になるので、星雲が輝いて見えるのです。

オリオン大星雲は、月のない晩だと肉眼でも分かるくらい大きな星雲です。そのため、なゆた望遠鏡で見ると星雲の中心を拡大して見ることになり、そこにはトラペジウム（「不等辺四角形」という意味）という4つの青白い星が密集しています。トラペジウムのまわりには、雲がうっすらと取り巻いているのも見えます。トラペジウムは生まれたばかりの星で、しかも表面温度が3万度くらいの高温です。これがオリオン大星雲を光らせているのです。

### ② 惑星状星雲

オリオン大星雲が生まれたばかりの星で光っているのに対して、惑星状星雲は燃え尽きつつある星によって光っています。燃え尽きてしまいそうな星なのに、なぜ星雲を光らせるくらいの高温なのでしょうか。それは、惑星状星雲を光らせている星は、星の中心がむ

き出しになった状態だからです。星を光らせる核融合反応はもとも
と、星の中心部で起こっています。そのため星が燃え尽きる段階で
中心部がむき出しになっても、そこは高温のままなのです。

　シリウスの項でお話ししたように、質量が太陽の8倍以下の恒星
が燃え尽きると、白色矮星と呼ばれる高温・高密度の天体が残りま
す。白色矮星として残った以外の部分は、周囲にゆっくりと広がっ
ていき、これが星雲になります。白色矮星になりつつある元の星の
中心はまだ高温なので、まわりの星雲は白色矮星から出る光のエネ
ルギーによって、発光して明るく見えるのです。このような星雲が
惑星状星雲です。

　なゆた望遠鏡の観望会で親しまれている惑星状星雲の中で、もっ
とも有名で、しかも印象的なのがこと座にあるM57です。リング
星雲ともいい、ドーナツのような姿の雲がぽっかり浮かんで見えま
す（口絵3-4左上）。空の条件の良い日に見るM57は壮観です。

　惑星状星雲と名づけられていますが、惑星と関係があるわけでは
なくて、望遠鏡で見たとき丸い惑星のように見えることに由来し
ます。でもドーナツ状のM57は、あまり惑星に似ていると思えま
せん。そんな疑問を抱いた方も、秋の観望会で見ることのできる
ブルースノーボール（口絵3-4左下）や冬の空のライオン星雲（口絵
3-4右下）を見ると、惑星状星雲という名前がピンとくるかもしれま
せん。これらはリング状のM57とは違い、少しぼやけた青白い丸
みを帯びた天体に見えます。その姿は、なゆた望遠鏡で見た天王星
や海王星によく似ていて、なるほど「惑星状」だなと納得がいくの
ではないでしょうか。

　ライオン星雲はふたご座にあり、正面から見たときのたてがみの
ように見えることからこのニックネームがつけられました。少し前
までは、カナダの先住民がかぶる帽子を上から見た形に似ていると
いうことで、「エスキモー星雲」と呼ばれていました。ところがこ

の名は、植民地支配の時に使われた呼称であってふさわしくないとアメリカ航空宇宙局（NASA）が2020年に発表し、現在はなるべく使わないようになっています。天文学は古い歴史があるゆえにこういった問題も多く抱えており、今後もこのような改善が続けられていくことでしょう。

## ⑷ 系外銀河

　私達の住む太陽系は、1000億くらいの星からなる天の川銀河の中にありますが、このような銀河はほかにもたくさんあり、それらを「系外銀河」といいます。系外銀河の渦を巻いた姿は、イラストや漫画でおなじみでしょう。

　ところで系外銀河を見るのは、なゆた望遠鏡でもかんたんではありません。系外銀河は前項で紹介したような天体と同様、星雲とも呼ばれることがありますが、これは何千億という星が集まって雲のように見えるからです。系外銀河は遠方にあるため、とても淡く、写真に撮影した姿と眼で見る姿はかなり異なっています（なお本書では、天体としての性質の違いをふまえて、銀河に対して星雲という名称は用いません）。

　系外銀河を見やすいのは、春の北の空と秋の南の空です。なぜかというと、天の川の方向には星の間のガスやちりが多く、そのまたさらに向こうにある系外銀河は見えづらいからで、この季節と方向だと天の川から離れており、系外銀河がある遠方を見通しやすくなるのです。銀河系内にある星雲や散開星団の多くは天の川近くに位置しているのですが、系外銀河はそれとは対照的ですね。

　春と秋に見える系外銀河を、一つずつ紹介しましょう。

　春の銀河からはおおぐま座にあるM82で、これは渦巻ではなく、葉巻のような形に見えます。系外銀河はイラストや漫画では渦巻き型に書かれることが多いのですが、実際は必ずしも渦を巻いてい

第3章　太陽系の惑星と月、いろいろな恒星と星雲

るものばかりではないのです（口絵3-5左）。地球からの距離は約1200万光年ですから、ヒトとチンパンジーが分かれたころの光を見ていることになります。

　よく見ると中に黒い筋が見えますが、これはダークレーンといいます。星間物質の特に濃い部分がこれにあたり、暗黒星雲ともいいます。ダークレーンが見えるようになるには、眼が暗闇にかなり慣れる必要があります。

　秋の銀河からは、くじら座のM77を紹介しましょう。秋の系外銀河の中では、もっとも見やすいと思います。なぜかというと、中心が非常に明るいからです（口絵3-5右）。

　銀河の面積当たりの明るさ（輝度）は一般に、中心に近づくほど明るくなります。これは中心に行くほど、空間当たりの恒星の密度が大きくなるからです。ところが系外銀河の中には、それだけでは中心の明るさが説明できないほど、非常に強く輝いているものがあります。このような場合は、銀河の中心にあるブラックホールが輝きの原因となっていて、こうした銀河の中心を「活動銀河核」といいます。

　M77は活動銀河核を持つ銀河で、セイファート銀河（1943年にセイファートが1943年に発見した、明るい中心部と特徴的なスペクトルを持つ活動銀河）というタイプです。M77をよく見ると、明るい中心のまわりにぼんやりとした渦巻があるのが分かります。地球から6000万光年離れたところにある銀河ですから、恐竜がほろんで間もないころの光を見ていることになります。

　ところで、名前をよく耳にするアンドロメダ銀河がここに出てこないのを、不思議に思ったかもしれません。実は、なゆた望遠鏡にとってアンドロメダ銀河は大きすぎるので、全体をまるごと見ることができないのです。こういった天体はむしろ、小型望遠鏡や双眼鏡のほうが見るのに適しています。

# 第4章

# 西はりま天文台の毎日は
# こんなふうに過ぎていく

## 第1節　天文台と大撫山の一年

　兵庫県南西部で岡山県との県境に近い佐用町、その北西にそびえる大撫山の上に西はりま天文台は建っています。第3章でお話ししたように、季節によって見える星座や天体が変わるのですが、地上の風景や天文台での過ごし方も季節によって変わります。この節では、天文台での一年についてご紹介します。

### (1) もっとも寒いころの天文台

　冬至を過ぎてしばらくたった1月初めは、一年のうちで日の出が最も遅くなります。一年で最も昼の短い冬至に日の出が最も遅くなりそうですが、主に地球の公転軌道が楕円であることが理由で、両者は2週間ほどずれるのです。ちなみに日の入りは、12月の初めが最も早くなります。日の出が遅いということは天文台での観測時間が長くなるわけで、観測終了のころにはぐったり疲れてしまっていることもしばしばあり、特に快晴の日などはそうなります。

　西はりま天文台は温暖な瀬戸内に近いので、冬でもそれほど寒くないように思われるのですが、海沿いからやや内陸に入っており、おまけに山の上にあるため1月はかなり冷え込みます。日によって

第4章 西はりま天文台の毎日はこんなふうに過ぎていく

は−10℃近くまで下がることもあり、そのような寒い日には車の
エンジンがかかりにくくて焦った、という話を聞くこともありま
す。もっと大変なのは雪が降った時ですが、こちらは第2節で詳し
く紹介しましょう。

　このように寒さがきびしい1月ですが、空にはちょうど見ごろの
冬の星座がきらめいています。冬の星座には1等星が多く、オリオ
ン座をはじめとして、わかりやすい形をした星座が多いので案内し
やすい空でもあります。とはいえ、さすがにあまりに寒い季節とい
うこともあり、お客さんはあまり多くありません。

## ⑵ 外は寒いけれども中は

　年明けのころから、天文台はだんだん慌ただしくなっていきま
す。というのは、西はりま天文台は兵庫県立大学に付属している施
設なので、ここに所属して研究している学生や大学院生が何人も
います。彼たち彼女たちの卒業や修了（大学院は「卒業」ではなく、
「修了」といいます）に向けた研究発表の最後の準備が始まるからで
す。

　兵庫県立大学には4年制の「学部」と、さらに深く学びたい人の
ための「大学院」（修士課程2年と博士課程3年）が設置されていま
す。学部を卒業したり、大学院を修了したりするには、研究成果を
まとめた論文を提出しなければなりません。論文を書くのも大変で
すが、それに劣らず大変なのが論文提出に合わせて行う発表です。
発表時間はそれほど長くないですが、だからといって楽にできるわ
けでもありません。時間が限られているので、その中で研究成果を
過不足なく伝えるのはかえって大変です。

　発表会には、天文とは無関係な分野を研究している先生や学生も
出席し、むしろそちらが多数です。そのため、予想外の質問が飛ん
でくることも珍しくありません。研究分野が違う人たちにも、自分

95

たちのやってきた研究がどういう意義があるのか分かりやすく説明しなければならず、プレゼンテーションの能力が問われるのです。

　この時期には発表に向けて毎日、四苦八苦する学生や大学院生の姿が夜遅くまで見られます。外は寒いのですが、室内では発表練習などで議論が乱れ飛んで白熱することもしばしばです。

### ⑶ 南極老人星（カノープス）を見ると長生きできる？

　２月になり冬も終わりに近づくと、観望会の時間帯の南の空にカノープスという星が見えるようになります。見えるようになります、といっても西はりま天文台の緯度だと地平線からほんのわずかしか上らず、とても見えづらい星です。もっとも高く昇ったときでも、２度にしかなりません。

　それでも見えるだけまだ恵まれていて、北海道や東北地方の多くでは地平線の上に昇ってきません。カノープスは地平線の近くでしか見えないので、兵庫県の沿岸部では「あわじぼし（淡路星）」とか、「えしまぼし（家島星）」と呼ばれていました。「淡路」と「家島」はどちらも瀬戸内海に浮かぶ島の名前で、水平線の上にカノープスがぽつんと浮かんでいる光景が目に浮かんできます。

図 4-1　雪が降った夜に地平線近くに輝くカノープス

　カノープスは佐用のような内陸だと、山に囲まれて見るのが難し

くなります。私は岐阜県の山あいで育ったのですが、そこではこの星を見たことがありませんでした。

ところが西はりま天文台は山の上にあり、地平線まで見わたせるからカノープスが見えるというわけです。冬の終わりで南の空が良く晴れた日には、山際にカノープスがぽつんと見えます。カノープス（－0.7等星）はシリウス（－1.5等星）に次いで明るい星なのですが、地平線に近いためそんなに明るくは見えません。

もともとの色は白なのですが、空の低い位置にしか見えないので地球の大気の影響を受けて、赤みがかった色に見えます。その見えにくさから、中国では南極老人星と呼ばれ、この星を見ると長生きできると伝えられました。そんな見づらい星だからこそ意外に知られているカノープス、その名前は西はりま天文台の食堂にも使われています。

## ⑷ 春の訪れと新年度を迎える天文台

4月になると大撫山も春めいてきて、山のところどころに桜などの花が咲き始めます。暖かくなって観測もしやすくなりますが、春には困ったこともあります。その一つが黄砂です。偏西風に乗って中国大陸からやってくる黄砂のため、特に多い時は周辺の山々がほとんど見えなくなることもあります。そんな日は晴れてもぼんやりした青空にしかならず、観測はできても条件はよくありません。

黄砂がもたらす影響は、空がぼんやりするだけではありません。砂が望遠鏡のドームの中に降ってくるのです。雨のように砂が降ってくるわけではないのですが、黄砂の多い日が何日も続くと少しずつたまってきます。昼間はドームが閉まっていますから、観測中に開いているときに降りつもるのです。黄砂があまりにひどい場合、ドームを開いてはいけないことになっています。ひどいかどうかは、天文台のある丘から南側に見える電波塔がおおまかな基準に

97

なっています。これがかすんで見えない時、ドームは開けられません。

図 4-2　春の花が咲きほこる大撫山

　黄砂はドーム内の床だけではなく、大切ななゆた望遠鏡の主鏡にもうっすら積もってしまいます。鏡の洗浄の時に、「鏡が何となく黄色っぽい」ということさえありました。
　黄砂に悩まされる春は、天文台に新たな人たちが加わる季節でもあります。新たな職員が採用されて着任したり、研究室に学生や大学院生が新たに配属されたり、他大学から大学院生が兵庫県立大にやってきたりするのです。定員があるので研究員の総数はあまり変わらないのですが、学生の人数は毎年かなり変化します。最近は特に、西はりま天文台で研究をしたいという学生が増えていて、とてもうれしく思います。
　ゴールデンウィークになると、「アクアナイト」が開催されます。西はりま天文台で年に3回行われる大型イベントのうち、最初となるのがアクアナイトです。この名前は、5月上旬に活発になるみずがめ座流星群の、「水がめ（アクエリアス）」にちなんでいます。な

お、この流星群は明け方にならないと見ることができないので、このイベントの最中には見ていただくことができません。

アクアナイトでは、昼間の観望会や太陽の観察会といった普段のメニューに加え、外部の研究者を招いた講演会なども開催されます。2023年のアクアナイトでは、新しい取り組みとしてキッチンカーが店開きしました。名前がやや分かりにくいということで、2024年には「五月夜の星まつり」と改称し、引き続き多くの方に親しまれています。

### ⑸ 麦畑が黄色に色づくころ

５月も終わりになると、北斗七星が頭上で大きく輝きます。これを初めて見た方は、その大きさに驚かれることも多いようです。北斗七星の柄の部分をそのまま伸ばしていくと、オレンジ色で明るいアークトゥルスを経由して、南の空で青白いスピカにたどり着きます。北斗七星とスピカを結ぶ曲線を「春の大曲線」といいます。

アークトゥルスは日本でかつて、「麦星」と呼ばれていました。麦の収穫時期にちょうど見やすくなるからです。田んぼと違って麦畑はなじみが薄いかもしれませんが、以前は日本でも二毛作で麦を盛んに育てていました。西はりま天文台の周辺は今でも麦が多く栽培され、天文台のある佐用町やその南の上郡町などに麦畑が広がっています（図4-3）。

秋に植えられた麦は春先に緑色の葉を伸ばし始め、６月に入るころには麦畑が一面の黄色に色づきます。私は作物としての麦をほとんど見たことがなかったのですが、色づいた麦畑を目の当たりにして「なるほど麦星だ」と納得しました。

麦畑は太陽の光を背にするとオレンジ色に見えて、アークトゥルスに何となく似ています。「麦星」という愛称は、この色も関係しているかもしれません。

図 4-3 収穫が近い麦畑と春の大曲線

　春の大曲線の終点にあるスピカも、ギリシャ語の「麦の穂先」に名前が由来します。ヨーロッパで麦の種まきをする秋にスピカのあたりに太陽が来る（＝夜には見えなくなる）ことから、この名がついたといわれています。

　ところで日本ではスピカは「真珠星」と呼ばれていると、本などに書かれているのを見たことがある人も多いと思います。その青白さに思わず納得してしまいますが、これは伝統的な呼び名ではありません。第二次世界大戦中、日本では「敵性語」である英語を使うのを禁止する動きがあり、スピカもこれに引っかかりました。スピカは英語ではないのですが、「横文字」だからという理屈で使用が禁止され、日本語に言い換えようとされました。とはいえ、スピカに和名はなかったので、福井県の一部で使われていた「しんじ星」（6月に見える白くて小さい星、の意味）を無理やりあてはめて、「真珠星」という漢字もつけたのでした。どうやら、この呼び方が戦後になっても本などに採用されていたようです。軍事が科学に忍び寄ってくると、しばしばこのように事実から遠ざかってしまうようです。

### (6) 日は長いけれど、梅雨なので星は見えにくい

　6月も下旬になると夏至を迎えますが、このころは梅雨でもあり

ますから「昼が最も長くなる」ことがなかなか実感できません。7月になった後も昼は長いのですが、このころもなかなか晴れには恵まれません。特にここ数年は梅雨の後半に大雨になることが多く、なかなか星を見ることができませんでした。

　そのような星を見るのにふさわしくない時期の真っ只中に、星にまつわる一番有名な行事の七夕（7月7日）がやってきます。なんだか不思議ですね。

　七夕は、中国大陸で生まれて日本でも広がった行事です。近世以前は、中国と日本では旧暦（月の満ち欠けを基準にした暦で、一年を約354日とするため季節との「ずれ」が生じました。ずれが大きくなると「うるう月」を入れて1年を13か月にして修正しました）が使われていました。七夕もこの旧暦で行われていたので、現在の暦（新暦。太陽暦ともいい、太陽の動きを基準にして作られています）とは約1か月もずれてしまったのです。旧暦の7月はおおむね現在の8月に相当しますが、新暦の7月7日とは天気がまったく違い、このころは晴れの多い時期に当たります。

　天気だけではなく、星空も新暦の7月は七夕向きではありません。七夕の物語は、織姫（こと座のベガ）と彦星（わし座のアルタイル）が天の川（はくちょう座）で隔てられていて、一年に一度だけ会えるということでしたよね。ところがこれらの星は、8月には高く昇って見やすいのですが、7月上旬はあまり見やすくありません。

　梅雨の真っ只中に、星にまつわる一番有名な行事を行なうというちぐはぐさは、旧暦で行っていた行事をそのまま新暦の日付に当てはめてしまったことに原因があったのです。

　ところで西はりま天文台は、7月中ころに1週間ほどお休みします。これは職員の一足早い夏休みではなく、この期間に施設内の設備や展示などのメンテナンスをまとめて行うためです。なゆた望遠

鏡などの保守メンテナンスや、普段はなかなか手が回らない場所の
整理や掃除も行いますから、いつもより疲れます。とはいえ、梅雨
が明けて夏休みになれば多くのお客さんがやってきますから、しっ
かり準備しておかなくてはいけません。

### (7) 夏休みには最大の行事スターダスト

　夏休みは西はりま天文台が、1年のうちで最もにぎわう時期で
す。予約なしで観望会に参加可能な日曜には、100人以上がいらっ
しゃることもあります。

　中でも一番大きなイベントは毎年8月12日に行われる「スター
ダスト」で、ペルセウス座流星群の極大日に合わせて開催されま
す。2020年以降しばらくはコロナのために縮小して開催していまし
たが、2023年にはコロナ以前の規模に戻して開催され、約2000人
が天文台を訪れました。

　スターダストの当日は、昼からスケジュールが盛りだくさんで
す。外部の研究者を招いた講演会や、普段は一般の方が入れない場
所を回るツアーも行われます。オープンカレッジという展示コー
ナーもあり、研究員や教員、院生が分担してブースを出し、天文に
関する話題を実験や実演を通して紹介します。

　夜間の観望会には数百人が参加するので、たくさんの天体では
なく1つの天体を順番に見ていただきます。全員が見終わったら、
気がつくと日付が変わっていたということもあります。ちなみに
2023年は、M13という星団（第3章第4節(2)参照）を見ていただき
ました。

　ふだんは観望会が終わったら天文台のゲートは閉鎖するのです
が、スターダストの日はペルセウス座流星群を見ていただくため朝
まで開放しています。天文台の建物の外では多くの方々が、ビニー
ルシートを敷いたりして流れ星を楽しんでいます。

## ⑻ 学会発表の練習と台風

　天文台の教職員や学生の多くは日本天文学会に所属していて、9月にはその年会が行われます（3月にも開催されます）。年会は自分の研究成果を発表するための大切な場なので、天文台からも多くの人が参加します。とはいえ全員が行ってしまうと、なゆた望遠鏡の観測者がいなくなりますから、誰が行くかを調整することになります。

　ところで、「学会で発表」するのは非常に権威があるように思えますが、実はそうでもなくて、天文学会の会員ならば誰でも発表できます。学会によっては事前に審査がありますが、天文学や物理学ではそれもありません。何が一番大切かというと、学会発表ではなくて研究成果を論文にまとめることなのです。ちなみに学会は、年会費を滞納し続けると除名になります（まず催促があり、それでも払っていないと会報が届かなくなり、そのあと改めて催促が来ます。なぜこんなに詳しいかというと、私が払うのを忘れて催促されたことがあるからです）。

　この時期に心配なのは、台風がやってくることです。雨と強風が心配のタネで、最悪の場合は雨漏りが起こることもあります。ドームが風で変形しては大変ですから、台風の最接近時に予想される風向きをもとに、望遠鏡やドームの向きをあらかじめ変えておいたりします。

　天文台は山の上にありますから、崖がくずれたり木が倒れたりすると道路が通行不能になり、天文台が孤立してしまいます。2018年7月には、豪雨のため山道の途中にある展望台がまるまる陥没してしまいました（図4-4）。

図 4-4　2018年7月の豪雨のあと、天文台への山道にある展望台が崩落した様子

### (9) 秋の空とアンドロメダ銀河

　秋の空は寂しい感じがするといわれますが、西の空にはまだ「夏の大三角」やそこを貫く天の川が引き続き見えますし、それより少し淡いですが秋の天の川が頭上近くを通っています。夏の星座が西に傾いたころには冬の1等星も昇ってくるので、「秋」という言葉から受ける印象ほど星空は寂しくないと思います。とはいえ、「秋の星座」といわれる星座には1等星が1つしかなく、これは少し物足りないかもしれません。

　秋の空には、大きな銀河の中で地球に最も近いアンドロメダ銀河（M31）が見えます（口絵4-1）。第3章でお話ししたように、この銀河は大きくてなゆた望遠鏡では入りきらないのですが、月のない夜には肉眼で見ることができます。双眼鏡を使えば、肉眼よりずっとはっきり見えます。

　M31の近くにもう一つ、なゆた望遠鏡には大きすぎる銀河があります。アンドロメダ座のおとなり、さんかく座にあるM33です（口

絵4-1）。地球からの距離はM31とほぼ同じで、M31よりちょっと小ぶりで淡く見えます。

　M33は5.7等で、肉眼でギリギリ見えそうな光度ですが、星とは違って広がっているため6等星よりはるかに見えにくい天体です。M33が肉眼で見えるかどうかかつて議論があったといわれるくらいですが、西はりま天文台ではよく晴れた夜に高く昇ったM33がかろうじて見えます。

　秋のよく晴れた夜明け、観測が終わって帰るときに大撫山から車で降りていくと、あるところで突然白っぽいものに包まれます。これは雲の中に突っ込んだからで、気象学でいう「霧」に当たります。この季節にはしばしば、佐用町の真ん中を流れる千種川に沿って、谷全体が霧で満たされます。

　天文台から見おろすと、白い雲海が下界を覆っているのが見えます。これは「佐用の朝霧」と呼ばれ、口絵4-2はその朝霧のかなたに月が沈んでいく様子です。夕日と同じく低空の月もオレンジ色を帯びますが、霧にかすんで小さなビワのように見えるので、いつもは観測の邪魔な月も少し好ましく思えてきます。

### ⑽ 冬の始まりとキャンドルナイト

　12月になると、大撫山でも雪がちらつきはじめます。この時期は一年で最も日が短いので、よく晴れた日は観測時間をたっぷり確保できます。晴天率も高いので、観測時間がたっぷりありすぎて疲れ果ててしまうくらいです

　ところで夏至と冬至は、昼間の長さが違うだけでなく、太陽が昇ってくる方角や昇りきった高さもまったく違います。図4-5は夏至と冬至のころに、西はりま天文台で撮った日の出の光景です。冬至の太陽は真東よりもかなり南（図では右）から昇ってくるので、正午ごろでもあまり高くに来ていません。この季節は建物や木の影

が長く伸びているので、天気が良くてもなんとなく陰気な感じがしますね。一方、夏至の太陽は真東よりかなり北から昇り、正午ごろには高いところまでいって強い光で照らします。（梅雨時であまり見る機会はありませんが）。

図 4-5 夏至近くの日の出（左）と、冬至近くの日の出（右）。天文台前の広場で撮影

　クリスマスに合わせて西はりま天文台では、3つ目の大型イベント「キャンドルナイト」が開催されます。天文台は普段、夜の明かりを快く思わないのですが、この日だけは時間限定でライトアップされます。ライトアップといっても、街中のような大々的なものではありません。多すぎると星が見えなくなってしまうので、ろうそくを並べてささやかな明かりを灯します。

　キャンドルナイトは昼から始まり、他の大型イベントと同じように講演会などが開催されて、キャンドル点火は夕方に行われます。天文台のある建物のある広場や芝生にろうそくを置くのですが、草が燃えて火事にならないように小さなガラス容器に入れて並べます。暗くなると図4-6のように明かりが天文台を包みます。そのあと観望会が開催され、それも終わるころにはろうそくが燃え尽きて、ふたたび天文台はいつもの闇の世界に戻ります。

第4章 西はりま天文台の毎日はこんなふうに過ぎていく

図4-6 キャンドルナイトでろうそくに点火した様子

## 第2節　西はりま天文台でちょっと困ったこと

　西はりま天文台での毎日で、困ったことも時々起こります。なにしろ山の上に建っているので自然を相手にすることが多く、避けようがない自然現象ゆえの辛さもいろいろ体験します。
　この節では、そのようなことをいくつか紹介しましょう。

### (1) 天気が悪いのはどうしようもない

　天文台にとってもっとも困るのは、「天気が悪い」ということです。これを避けるために世界の大型望遠鏡の多くは、雨がほとんど降らない場所に建てられています。ところがそれでは気軽に行けないので、公開天文台としては都合が良くありません。
　西はりま天文台がある瀬戸内は日本で有数の雨の少ない地方ですが、それでも半乾燥地帯のような場所ほど雨が少ないわけではありません。なゆた望遠鏡が使用可能な夜のうち、5時間以上（季節

にもよりますが、おおよそ1夜の半分にあたります）観測できるのは40%あまりしかありません。観望会は開催された日のうち7割くらいは星を見ていただけていますが、その中には「薄曇りでなんとか星が見えた」という日もあります。

　観測している時に気をつけなくてはいけないのが、天気の急変です。空が一面の雲で覆われている時はその心配がなく、さっさと観測をあきらめてドームを閉めてしまいます。判断がむずかしいのは風が強くて天気が変わりやすい日などで、観測している途中に雨が降ってくるかもしれません。

　雨や雪が降ればすぐに分かりそうですが、夜なので暗いのに加えて観測室には光がもれないための遮光カーテンがあるので、外に出ないとなかなか分かりません。雲も、観測している方向にあるのかないのかは天体がちゃんと見えているかどうかで判断できますが、空全体のどこに雲があるかはすぐに分かりません。

　そこで、観測室にいても雲などの気象状況が分かるように、西はりま天文台には全天スカイモニターが設置されています（図4-7）。

　これは西はりま天文台の学生だった細谷謙介さんが設計・製作したもので、固定したデジタルカメラで昼は10分おき、夜は1分おきに全天の画像を撮影しています。この画像はインターネットで公開されていて、西はりま天文台のホームページから見ることができます。月のない夜には天の川がきれいに見えますし、流れ星が写っていることもあります。

　この全天スカイモニターの前にも、天文台の主任研究員（当時）だった時政典孝さんが設計・製作したスカイモニターが設置されていました。これが作られてからかなり時間が経ったので、新しいスカイモニターに交代しました。古いスカイモニターは今でも待機していて、新しいスカイモニターの調子が悪い時などに出番となります。

第4章 西はりま天文台の毎日はこんなふうに過ぎていく

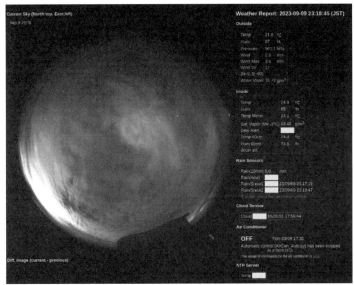

図4-7 スカイモニター画像。空の画像の白っぽいものは雲。
右に現在の天気情報が表示されている

　雨や雪は、屋外に設置したセンサーで検知しています。このセンサーは、雨水が電気を通す性質を利用しています。雨はこのセンサーで容易に検知できるのですが、雪が降っていてもセンサーに引っかからないことがあります。雪は凍った状態であること、雨に比べてまばらなことが原因ではないかと思います。

　雪が北風によって中国山地から吹き込んでくると、天文台の上空が晴れているのに雪が降る「天気雪」になり、スカイモニターだけでも判断できません。こういった場合に備えて、何かが装置の前を横切ったことを光学的に検知することで雪を知らせるセンサーも設置されています。とはいえ、こうしたセンサーでも検知できない降雪もごくたまにあるため、「雪が降るかもしれない」と感じたらテラスに出て、空の様子を確認しています。

　これらに加えて、リアルタイムの気象データを1つの画面にまと

109

めたモニターもあり、観測中はその表示をつねに確認しています（図4-7右）。雨雪センサーが反応すると、普段薄緑色をしているラベルが赤くなり、注意を喚起するようになっています。

　雪は降った後もなかなか厄介です。西はりま天文台のある大撫山は豪雪地帯ではないですが、年によって50cm以上積もることがあります（図4-8）。

図4-8　2023年1月の大雪の後の天文台（左）とドーム（右）の様子

　こんなに雪が積もると雪かきをしなくてはなりません。天文台の職員は雪があまり降らない地方で生まれ育った人も多く、見た目よりずっと重い雪に難儀しながら雪かきをしています。

　図4-8の左は2023年1月に数十cmの雪が積もった時の様子で、天文台へ歩いて入れるくらいまで雪をかいたところで、また雪が降り始めました。右のドームの写真では、開閉するスリットのところに白く雪が積もっています。この時は雪が降っているとはいえ、青空も少し見えていました。ところがこうした状況では、たとえ雪がやんでも観測はできません。ドームの上に雪が積もると動かせなくなるからで、これも「雪の降った後の困ったこと」です。

　これまでは幸いなことに、雪の重みでドームがつぶれてしまうことは起こっていません。しかし雪の重みが加わった状態でドームを動かすモーターを起動させると、オーバーヒートする危険がありま

す。これを防ぐために、ドーム上の積雪がなくならないと「なゆた」の観測は再開できないのです。早く観測を再開したいと思っても、ドーム上の雪かきはさすがに危険すぎます。

　冬になると、氷点下の気温が一日中続く「真冬日」もあります。そういった日は太陽が顔を出しても、雪はなかなか解けてくれません。大雪が降りやんだ次の日に空がきれいに晴れわたると、「この雪さえなければ」とついつい思います。そんな日が観望会だと、とても申し訳ない気持になります。

### ⑵ 湿気も望遠鏡の大敵

　雨さえ降っていなければ望遠鏡のドームを開けておいても大丈夫か、というと実はそうでもありません。夏などに、空はよく晴れているけれども湿度が高いことがあり、そのような時にドームを開けると中の湿度も上がりドーム内の観測装置に水がついてしまう恐れがあるのです。望遠鏡の鏡、それを制御する機械類やコンピュータは精密機械ですから、水がつくと故障の原因になります。これを防ぐためドーム中の湿度が75％を超えたら、観測を中止しなくてはいけないことになっています。

　風にも注意が必要です。風がとても強い日は空気のゆらぎがひどく、星の像がぼけてしまうので観測に適しないのですが、天気がいい時はそれでも観測したくなるものです。そんな時でも、瞬間最大風速が毎秒15メートル（15m/s）を超えたらドームを開けてはいけません。一方向だけが開いているドームに強い風が吹きこむと、ドームの壁がゆがんでしまう危険性があるからです。円形のドームの壁のどこかが歪むと、観測する天体の方向に回転できなくなってしまいます。強い風に乗って、外から物が飛んでくる可能性もあります。

　強風によるドームの歪みが最も起こりやすいのが、ドームが開い

た方向から風が吹き込んでくる場合です。そのため、例え瞬間最大風速が15m/s未満であっても、10分間の平均風速が5m/sを超えたら望遠鏡を風上に向けてはいけないことになっています（ドームを開くことは可能です）。この条件は観望会の時などにも発生しやすく、「見たい天体の方向が風上で向けられない」となってしまいます。

　雨や風などの気象データは、ドームの中と屋上に取りつけた装置で測定しています（図4-9）。風速計に雨水が入って、うまく測定できなくなることもあります。そんな時は屋上に上がって調整しなくてはいけないので大変です。

図 4-9　気象データをとるための風速計（左）とスカイモニターを収納している箱（筐体、右）。風速計の横にもスカイモニターがある（旧スカイモニター）


(3) 雷は「なゆたの天敵」

　雨や風よりもこわいのが雷で、「なゆた望遠鏡の天敵」といっていいでしょう（図4-10）。落雷で望遠鏡のシステムが破壊されると、修理に膨大な支出がかかるだけでなく、修理が終わるまで望遠鏡が使用できなくなるからです。

第 4 章　西はりま天文台の毎日はこんなふうに過ぎていく

図 4-10　天文台のある大撫山山頂から撮影した稲妻。
これくらい遠ければまだ大丈夫ですが…

　落雷によるなゆた望遠鏡の故障はここ数年でも起こっていて、西はりま天文台に勤めている人にとってトラウマになっています。天文台ができて 30 年あまり経ちましたが、20 数年は落雷によるトラブルはなかったそうで、なぜ最近の数年に多発しているのか分かりません。ただの偶然なのかもしれませんが、落雷に見舞われた側はたまったものではありません。

　1 回目はちょうど休みだったので見ていないのですが、2 回目はよく覚えています。2020 年 7 月、コロナの流行によって在宅勤務がしばらく続き、ようやく出勤が再開になったころでした。ゴロゴロという音が聞こえてきたと思っていると突然、「ピシャン」という音が響きました。研究員や教員が反射的に屋上へと駆けあがったり、なゆた望遠鏡の状況を確認しに制御室へと駆けこんだりしました。ところが残念ながら嫌な予感は的中し、望遠鏡が動かなくなっていました。

　この日は私が観望会の担当になっていて、天気も回復しないためその時間はスタディルームでしばらく星の話をした後、ドームへ

と上がってなゆた望遠鏡を見ていただきました（動かなくなっても、見ることはできました）。すると、ちょうど見ごろだったネオワイズ彗星がわずかな晴れ間から見えているとの知らせが制御室の斎藤研究員からあり、テラスへ行くと西空の雲の隙間から尾を引いた彗星が見えていました。

それからの数日は本当に大変でした。不具合は「なゆた」だけではなく、水道や天文台入口のチェーンゲートなどにも発生したことが分かりました。これらについては早期に復旧しましたが、望遠鏡はそうはいきませんでした。まずどこに不具合があるかを確かめて、それから原因を明らかにしなくてはいけません。翌日は勤務が休みでしたがそうもいかず、研究部門総出での雷の被害調査となりました（後日、代休を取得しました）。

望遠鏡では、方向を制御するモーターと焦点位置を制御するための装置が壊れていました。同様のことが1回目の落雷のときにも起こっていて、その時のことを思い出して「1か月は直らないだろうなあ」と研究室の雰囲気がすっかり暗くなってしまいました。モーターはしばらくして、なんとか動かせるようになったものの、焦点制御は秋まで直りませんでした。そのため、観測機器ごとに手動で焦点をあわせることになり、ほんとうに大変でした。

こんなことがあったため、西はりま天文台では雷に神経をとがらせています。落雷情報を提供してくれる業者があるので、雷の接近や落雷頻度などの情報をもとに、通信ケーブルを抜いたり電源やブレーカーを落としたりするなどの雷対策を行います。夏はほぼ毎日のように、この対策が行われています。

雷が去ったらまた元に戻すのですが、頻繁にケーブルを抜き差ししたり電源を落としたりすると、装置の調子が悪くなってしまうこともあります。元に戻したあと、望遠鏡や観測装置がちゃんと動くように復活したかどうかを確かめるまでが雷対策です。うまく観測

第4章　西はりま天文台の毎日はこんなふうに過ぎていく

装置が制御用のコンピュータからつながってくれず、焦ったりすることもあります。

### ⑷ 冷え込んだ時は結露に注意！

湿度があまり高くない日でも、鏡の結露に注意しなければなりません。鏡の結露が起きやすいのは、春の始めです。このころは昼に温かくても夜は冷え込みがまだ強く、気温が真冬とあまり変わらない日もあります。そのような日は夜の観測中にドームの中も冷え込み、氷点下になることも少なくありません。そうなると、「なゆた」の鏡も冷たくなります。

夜が明けて外の気温が上がり始めても、鏡の温度はなかなか上がっていきません。ドームの中の空気は外壁を通じて温まりますが、その熱がなかなか鏡まで伝わらないのです。そのため昼になると、「ドームの中は暖かいのに、鏡は冷えたまま」ということになります。こんな時にドームの中の湿度が上がると、どうなるでしょう。

これを考えるために、「湿度」についてご説明しましょう。湿度は空気の湿り具合を示す尺度で、「その時の気温で空気中に最大限に取り込むことができる水蒸気量（飽和水蒸気量）に対して、空気中に実際に含まれている水蒸気量がそのうちの何パーセント（％）に当たるか」を表しています（相対湿度ともいい、気象予報などに使われています）。もし空気中に飽和水蒸気量を超える水蒸気があると、そのすべてを気体（水蒸気）として取り込むことができなくなり、一部は液体（水）になります。これが「結露」です。

ところで、湿度の説明で「その時の気温で」と書きましたが、これは飽和水蒸気量が気温（温度）によって変わるからです。飽和水蒸気量は、温度が低いと少なく高くなるほど多くなります。すると、飽和水蒸気量よりちょっとだけ少ない水蒸気を含んだ空気が冷

115

えていくと、どんなことが起こるでしょうか。飽和水蒸気量は温度が下がるほど少なくなっていきますから、そのような空気を冷やしていくと、どこかの温度で飽和水蒸気量を超えてしまい、結露が始まります。

実は、「夜間に冷え込んで望遠鏡の鏡が冷たくなり、日が昇ってドームの中が温かくなって湿度があがった時」も、これと同じことが起こるのです。すなわち、ドームの中の温かくて湿度が高い空気が、冷たいままの鏡に接して冷やされて結露が起こるのです。

暑い日に冷たい飲み物を飲む時、コップに水がつくことがありますよね。あれと同じなのです。「なゆた」の鏡はこれほどの温度差はないので、コップの外のように結露でびしょ濡れになることはないのですが、それでも鏡が曇ってしまいます。そうなると鏡の表面が傷みますし、観測に適しなくなってしまいます。

結露を防ぐ方法の一つは、暖房で温度を上げることです。ところが「なゆた」のドームには暖房がないので、この方法は使えません。もう一つの方法は湿度を下げることで、なゆた望遠鏡のドームには温度が低い時用と高い時用の2つの除湿器があります。ところが困ったことに、春先の温度は2つの除湿器が得意な温度のちょうど中間なので、「どちらも効きが悪い」のです。

そうなってしまうと、結露を防ぐために何とかして鏡を暖めなければなりません。一つのやり方は、ドームの入り口を開けて暖かい空気を取り込むことです。ところがこんな日は外の湿度も高いので、外に通じる扉を開けるわけにはいかず、廊下の空気をエアコンで暖めてからドームへの扉を開き、暖かい空気を取り入れます。とはいえ、エアコンは廊下の空調用なので、暖気はなかなかドームまで届きません。

もう一つのやり方は、なゆた望遠鏡を低く倒して専用の小さなヒーターで暖めることです。この方法も鏡が大きいわりにヒーター

が小さく、さらに床に置いたヒーターは鏡にそれほど近づけられないので、効果が上がるのに時間がかかります。

　こういったわけですから一番の対策は、結露が起きそうな日は「なゆた望遠鏡のドームを開けない」ということになります。それを判断する条件に「鏡の温度と露点の差が3度以下」というのがあります（3度以下ならドームは開けられません。ちなみに露点は、飽和水蒸気量と空気中の水蒸気量が一致する温度です）。

### (5) 野生動物にも気をつけて

　大撫山は人間の手の入った里山ですが、さまざまな野生動物が生息しています。これらの野生動物は自然の豊かさを示していますが、困ったこともいろいろ起こします。特に困るのがシカで、大撫山に限らず西播地方にはたくさんのシカが生息しています。山の下に降りてくることもあり、農家の方などは食害にも悩まされているようです。

図 4-11　天文台の外にいたシカの群れ（左）と天文台敷地にいたノウサギ（右）

　通勤で自宅と天文台を往復していると、毎日といっていいほどシカが道路わきから現れます。図 4-11の左は、天文台から約 15km 離れた兵庫県立大学の理学キャンパス近くで遭遇したシカの群れです。シカは人間を襲うことはありませんが、車の前に現れると接触事故となり、修理のために貯金が目減りしてしまいます。預金残高

117

が買いたいものの値段に届きそうなときに、なぜだか車の前にシカが飛び出してくるのです。

イノシシやアナグマ、ウサギも道路に現れることがあり、夜道に突然現れるので要注意です。イノシシは文字通り猪突猛進してくるし、ウサギはぴょんぴょんと跳ねてどこに行くか予測しにくいし、それぞれ困ったものです。図4-11の右は観測明けに偶然、天文台で見かけたノウサギです。

人間に危害を加える恐れがあるのはクマですが、これはさすがに遭遇したことはありません。ですがたまに現れたというニュースはあり、要注意です。

ツバメの巣も、ヒナはかわいいのですが、天文台にとってはちょっと困りものです。西はりま天文台では、春から夏にかけてツバメがやってきてあちこちに巣を作り、子育てを始めます。ツバメが特に好む場所の一つが、なゆた望遠鏡のあるドーム横のテラスの軒下です（図4-12）。

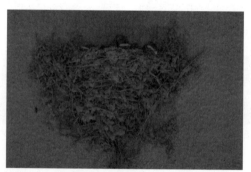

図4-12　天文台テラスの軒下のツバメの巣とヒナたち

ヒナが巣から首を伸ばす様子はほほえましいのですが、巣の下にフンが落ちるので掃除が必要です。出入りするドアの真上に作られるとさすがに困るので、そこには手製の鳥よけをつけて巣が作られ

第4章　西はりま天文台の毎日はこんなふうに過ぎていく

ないようにしてあります。掃除だけならいいのですが、こんなこともありました。

　なゆた望遠鏡が落雷のため、長期にわたって動かせなかった時のことです。この年もツバメが巣を作っていたのですが、ある日職員がテラスに上がるとヒナの姿は見えず、代わりに床に羽が散らばっていました。ツバメの巣が襲われてしまったのです。襲ったのは恐らく、タカやワシなどの大型の肉食鳥類でしょう。こういった鳥は普段、人の出入りがあると警戒して近づかないのですが、「なゆた」の故障で人の出入りが減ったために襲来したのかもしれません。

　スカイモニターにツバメがとまったり、フンをしたりして、空の様子が見えにくくなることもあります。少し邪魔くらいならいいのですが、年によってはツバメの通り道にでもなっているのか空がまともに見えないくらいになることもあり、上って拭くのも大変です。普段は人間が近づけない場所なので、本田敏志准教授がヘビのおもちゃを横に置いてみました（図4-13）。「鳥は知能が高いから」と考えてやったのですが、どれほどの効果があるのかよく分かりません。

図4-13　スカイモニターの横に置かれたツバメ除けのヘビのおもちゃ

119

## (6) 観測装置の乗せ換えも苦労する

なゆた望遠鏡のカセグレン焦点（第2章第1節(4)を参照）には、2台の観測装置を取り付けることができます（図4-14左）。

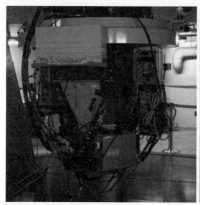

図4-14　なゆた望遠鏡のカセグレン焦点に取り付けられた観測装置（左）と、望遠鏡のバランス調整のためのウェイト（右）

　2台だけなら取り付けた円板を回転すれば入れ替えができますが、これ以上の台数になると入れ替えではなくて装置の付け替えが必要になります。とはいえ観測装置はどれも重量が100kgくらいなので、いい加減に付け替えると大事故になりかねません。

　付け替え作業は休園日にやることが多いのですが、急を要するときは開館日の昼にも行います。観測装置はカセグレン焦点の円板にボルトで止められているので、そのまま外すと100kgもの金属の塊が落下します。これほどの重さは、研究員が手で支えて何とかなるものではありませんから、観測装置をまずリフト式の台車に置いて、ボルトを外しながらゆっくりリフトを下げて取り外します。次は別の観測装置をリフト式台車に乗せて、逆の手順で固定していきます。ボルトの穴の位置をきちんと合わせるのはけっこう大変です

し、手が届きにくいところにボルトがあって締めるのに苦労することもあります。

　装置交換は、付け替えればそれで終わりではありません。観測装置は一つひとつ重さが違うので、付け替えで観測装置の重さが大きく変わった場合は、望遠鏡全体のバランスが変わってしまいます。バランスが大きくずれると、望遠鏡を観測したい天体に向けた時にそこでうまく止まらなくなったりします。

　そうならないように、カセグレン焦点にはバランス調整用のおもりがついています。このおもりの数や種類を変えて、望遠鏡のバランスを調整するのです（図4-14右）。おもりの右側に小さな数字が見えますが、この数字をもとにしてバランスを合わせる必要なものを選びます。おもりは一人で持てるくらいの大きさですが、何しろ鉄の塊ですから見た目よりずっと重く、うっかり落としてしまわないよう用心しなければいけません。

## ⑺ 鏡も時々は洗ってほしい

　なゆた望遠鏡の鏡は、洗ってきれいにしています。普段は蓋をしていますが、観測中にホコリやチリがたまったり、春だと黄砂で汚れたりすることもあります。そうすると知らず知らずのうちに、鏡の反射率が落ちてしまうのです。

　鏡の洗浄は基本的に休園日に行い、なゆた望遠鏡をできるだけ倒して鏡が見えるようにします。洗浄には無水エタノールを使用します。無水エタノールはコロナ対策でおなじみになった消毒用エタノールより値段が高いのですが、必ずこちらを使います。なぜかというと、消毒用エタノールには約30%の水が入っているからです。水はエタノールより蒸発しにくいので、消毒用エタノールで洗浄したら水が残ってしまいます。そうなると結露したのと同じことで、鏡のためによくありません。ですからちょっと高くても、水が入っ

ていない無水エタノールを使うのです。

　無水エタノールで鏡を洗浄する時は、これを大型の霧吹きで鏡に吹き付けます。吹き付けた後、窓の掃除のように布でこすってはいけません。なぜなら鏡の表面に付着した汚れには、砂ぼこりのように固いものも含まれているからです。そのようなものがついているところを布でこするのは、紙やすりでこするのと同じようなもので、精度よく磨かれた鏡が台無しになってしまいます。

　なゆた望遠鏡の鏡の洗浄は、無水エタノールで汚れを流すといったほうがいいでしょう。汚れといっしょに流れたエタノールは、望遠鏡内部に入らないようにスポンジや吸水シートを鏡のふちに詰めておいて吸収します。洗浄が終わったら鏡の反射率を測定しますが、数パーセントは上がっています。「えっ、たったそれだけ」と思われるかもしれませんが、実はこの差がけっこう大きいのです。

### ⑻ 観測装置の不具合も自分たちで解決

　なゆた望遠鏡や60cm望遠鏡、これらを格納しているドームなどはいずれも国内のメーカーで設計、製造されたものです。ですから年に何回かメンテナンスのためにメーカーの方がやってきて、不良個所がないかどうか調べてもらいます。けれども、そうでないときに不具合が起こることもあります。突然エラーが出てなゆた望遠鏡が制御できなくなった、ドームが途中で引っかかって止まってしまった、といった場合です。軽微な場合は自分たちで原因を調査することもありますし、以前に同じような症例があった場合はそれを参考にして解決を試みる場合もあります。しかしそれではどうしようもなく、メーカーに連絡しなくてはならない場合もあります。60cm望遠鏡のドームが途中で閉まらなくなったときなどは、雨など降ってきたら望遠鏡が台無しですからビニールシートで開いたままのスリットを覆って、次の日に大急ぎでメーカーの人に来てもら

いました。

　一方、なゆた望遠鏡の観測装置はいずれも一点ものですから、メーカーのサポートがあるわけではありません。ですから具合が悪くなったりすると、私たちで何とかしないといけません。不具合の症状は、「うまく通信できない」とか「ノイズが多くなってしまう」などさまざまです。なかなか原因が究明できないときは解決するまでに何週間もかかることもあり、その間に外部の研究者が観測する予定があったりすると、その間の代替策なども考えなくてはいけません。

　ちなみに図4-15は、突然スカイモニターが更新されなくなったので、様子を見ている写真です。

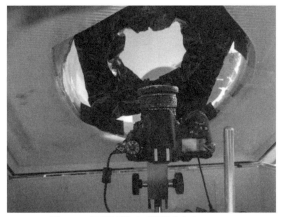

図4-15 画像がうまく転送されないので、
スカイモニターを収納する箱（筐体）を開けて中を見ている様子

　「コード類の接点の接触が良くない」という不具合が日頃から多いので、この時もその可能性を考えてあちこちをチェックし、バッテリー周りを抜いたり差したりして接続し直したらうまく動くようになりました。こういったトラブルに明確なマニュアルはないの

で、試行錯誤で直していくしかありません。とはいえ、以前に同じような不具合が起きており、その時の解決方法でうまくいく、というような場合もありますから、職員のあいだでトラブルのときの記録をまとめて共有しておくのも欠かせません。

## 第3節　いろんな方が西はりま天文台にやってきます

　西はりま天文台は公開天文台ですから、毎日たくさんのお客さんがやってきます。年間で約5万人（コロナ前の2019年実績）が訪れますから目的もさまざまです。観望会や施設の見学に来る方が多いのですが、それ以外にどんな方々がいらっしゃるのかご紹介します。

### ⑴ 自然学校の小学生たち

　観望会の参加者といっていいかもしれませんが、「自然学校」で天文台を訪れる小学生がたくさんいて、毎年の行事の一部になっています。

　自然学校は兵庫県の公立小学校で行われている4泊5日の林間学校で、そのために使われる施設が県内にいくつかあります。天文台もその一つで、年度初めから秋の終わりまで（夏休みは除きます）西播地方や姫路市を中心に、多い年には10あまりの小学校からやってきてさまざまな体験学習を行います。天文台の宿泊棟に4泊5日で滞在して行う体験学習プログラムの中で、なゆた望遠鏡での観望会は天文台職員が担当します。

　学校ごとに規模はまちまちですが、大きな小学校だと100人近くの大所帯になり、観望会は何人かの職員で対応します。自然が相手なので天気が悪くて順延になることもあり、最後まで星を見てもら

えなかったことも少数ながらあります。そんな時は最後の日まで天気が心配になります。

自然学校が終わってしばらくすると、小学校の先生から参加の感想をまとめた手紙が届くこともあります。さまざまなプログラムがあるので観望会について触れたものは一部ですが、観望会で見た星についての感想などがあると嬉しくなります。

## ⑵ 観測実習も天文台で

西はりま天文台は高校生や大学生の実習も受け入れているので、天文部の皆さんが部活動でやってきたり、理数系のコースの皆さんが授業の一環でやってきたり、大学生が卒業研究のためにやってくることもあります。恒例行事となっており、毎年同じ時期になると天文台へやってくる学校も少なくありません。

学校の皆さんだけで施設を見学したり観望会に参加したりする場合も多いのですが、研究員や教員が対応するもっと踏み込んだ実習を希望される学校もあります。天文についての講義やなゆた望遠鏡の見学、観測中の様子の見学など、いくつかのメニューのうちどれを希望するか、申し込む際に選択してもらいます。中には観測実習を行う学校もあり、その場合には60cm望遠鏡で実習をしていただきます。

観測実習にもいくつかメニューがありますが、その中で一番人気が高いのは「オリジナル観望会」で、これはある高校が独自に行っていたメニューが定番のものとして採用されました。どんなことが「オリジナル」なのかというと、通常の観望会は担当する職員が天体について説明するのですが、オリジナル観望会は高校生が天体について調べて、解説もしながら観望会を行うのです。解説内容がその高校の「オリジナル」、というわけですね。

独自の観測実習メニューを提案される高校もあり、そんな時は事

前に観測計画書を提出してもらって、研究部門で承認を得ることになります。このような実習を行う高校は多くはありませんが、そういった学校は精力的な活動（例えば、日本天文学会のジュニアセッションでの発表を行う）をしているところが多いです。

### (3) 研究者もやってきます

なゆた望遠鏡は外部の研究者も利用できるので、半年に一度、「共同利用観測」の提案を募っています。寄せられた提案は天文台の内部で協議して割り当て夜数などを決定し、多くの場合は実際に来て観測していただきます。観測期間中は天文台に滞在するので、ゼミのある日などに研究についてお話ししていただくことなどもあります。

講演会などは、天文台の職員や大学院生が話すこともありますが、多くの場合は外部の研究者に講師をお願いします。西はりま天文台は交通の便が良いとはいえませんが、講演会を聞きにきてくださるお客さんも多く、講演の後には長い時間お客さんからの質問に受け答えする風景が見られます。

こういったイベントがない場合でも、天文台の研究員との共同研究の打ち合わせなどで天文台を訪れる研究者もいます。大都市の大学とは違い、ひと仕事したら研究員といっしょにちょっと飲み屋へということは難しい場所ですが、佐用の町へ打ち合わせの続きをしに行く姿も見られます。

# 第5章

# 西はりま天文台で見つけたすごいこと

　西はりま天文台では、「太陽系以外にも惑星はあるのか。そして、そこに生命は存在しているのか」、「星はどのようにして生まれて、成長していくのか」、「アインシュタインが予言した"重力による空間のゆがみ"は宇宙で見つかるのか」といった最先端の研究をしています。このような研究には若い学生や大学院生も参加して、すごい発見もしています。

　どんなことが見つかったのか、少しむずかしい話もできるだけかみ砕いてお話ししようと思います。

## 第1節　太陽系の外にある惑星を探す

　私たち人間が住む地球以外にも、知的生命体が住んでいるのではないかという考えは、古くから世界各地にありました。日本の「竹取物語」は月に住んでいるかぐや姫が地球にやってくるという話ですし、アラビアの「千夜一夜物語」にも地球以外の生命体の話が載っています。また中国でも、「火星の化身」について書かれた物語がありました。

　中世以前は荒唐無稽な物語も多かったのですが、近世になって太陽系に関する理解が進んでいくと、地球以外の星の知的生命体は科学的に推測されるようになっていきました。

127

例えば、本書の第3章で火星について紹介しましたが（第1節(4)参照）、読者の皆さんはタコのような形をした「火星人」の絵を見たことがありませんか。火星人とは、火星にいると考えられていた知的生命体のことで、19世紀の終わりから20世紀初めにかけて、アメリカのローウェルのような著名な天文学者もその存在を信じていました。

　きっかけは1877年の火星大接近で、イタリアのスキアパレリが火星の表面に「線のような模様を発見した」ことでした。彼は線のような模様を、イタリア語で水路を意味する「canali」といったのですが、英訳されたときに「canal（運河）」と誤訳されてしまいました。この誤訳をきっかけに、「運河のような大きな構造物を火星全体に張り巡らされているのは、知的生命体がいるからに違いない」ということになったのです。ローウェルもこれを信じて、火星を観察するための大天文台を建設しました。

　ところがその後、大きな口径の天体望遠鏡で火星を観察できるようになり、火星探査機が直接、火星の表面を調べることができるようになると、運河のようなものは発見されず、知的生命体の存在も否定されました。

　とはいえ、火星にどんな生命体も存在しないとまだ証明されたわけではありませんし、太陽系内でも他に木星や土星の衛星などで生命体の存在を検討されているものもあります。また、太陽系の外にある恒星で、その周りをまわっている惑星で生命体が存在する可能性も、20世紀に入って"まじめに"検討されてきました。

　その中でも有名なものが、「ドレイクの式」です。これはアメリカの天文学者ドレイクが1961年に発表したもので、次のような式です。

$$N = R_* \times f_p \times n_e \times f_l \times f_i \times f_c \times L$$

第5章　西はりま天文台で見つけたすごいこと

$R_*$：天の川銀河の中で1年に生まれる恒星の数

$f_p$：ひとつの恒星が惑星（系）をもつ割合

$n_e$：ひとつの恒星がもつ、生命の存在が可能な状態の惑星の平均数

$f_l$：生命の存在が可能な状態の惑星において、実際に生命が発生する割合

$f_i$：発生した生命が、知的レベルまで進化する割合

$f_c$：知的レベルに進化した生命体が、星の間で通信を行う割合

$L$：知的生命体の技術文明が存続する期間


　ドレイクの式で $R_*$ 〜 $L$ の値をいろいろな方法で推定すると、$N$（天の川銀河にあって、地球上の人類とコンタクトする可能性がある知的生命体の数）は1から数万といった幅をもったものになりました。1は「そのような知的生命体は地球にしかいない」、数万だったら「そのような知的生命体は、天の川銀河にうじゃうじゃいる」ということになります。答えが1から数万なんて、まったくあてにならない式のようにも思えますね。

　とはいえ、さまざまな研究者が $R_*$ 〜 $L$ に妥当と思われる数値を入れると、$N$ は1よりはるかに大きな数になることが多いことが分かってきました。ドレイクの式でこのような結果が得られたことは、地球外で知的生命体を探そうという機運を高めました。

　地球外で知的生命体を探すためには、①太陽系以外に、惑星を持った恒星はあるのか、②もし見つかったら、その惑星に生命体が存在できる条件はあるのか、③生命体が存在できる条件があるとしたら、実際に存在している証拠は見つかるのか、といった順で観測を進めていきます。実は、①と②は確実に存在することが分かっていて、③についても有力な証拠が見つかってきています。それだけではなく、西はりま天文台でもこのような発見をしているのです。

129

西はりま天文台で見つけたすごいことの最初に、それをお話ししましょう。

## (1) どうやって惑星を見つけたらいいのか

太陽系以外で知的生命体を探す第一歩は、「太陽系以外で惑星を探す」ことです。ところが太陽以外の恒星に惑星があっても、地球からそれを確かめるのはとても難しいのです。なぜかというと、恒星と惑星の明るさが違いすぎるからです。

第3章で、太陽を除いて全天でもっとも明るい恒星であるシリウスは、連星だというお話をしました（第3節(4)）。シリウスは、明るい主星と暗い伴星の明るさが1万倍も違うので、伴星は主星の光でかき消されてしまって、条件がかなり良くないと望遠鏡でも伴星を見ることはできません。ということは、恒星と惑星では明るさがもっと違うので、太陽系以外の惑星を確かめるのはとても難しいのです。

ではどうやって、太陽系の外にある遠い惑星を探したらいいのでしょうか。その方法はいくつかありますが、西はりま天文台では「トランジット法」によって見つかった系外惑星を研究しています。

第3章第3節で連星のことをお話ししましたが、トランジット法はもともと、連星を観測するために使われていました。どんな方法なのか、かいつまんでご説明します（図5-1）。

明るい主星のまわりを、暗い伴星が回っている連星を思い浮かべてください。伴星が公転する軌道を真横から見ると、図5-1上のように明るい主星の前を暗い伴星が横切ることがあります。そうすると、主星の光の一部がさえぎられて、その代わりに暗い伴星の光が置き換わることになるので、連星の明るさは図5-1下のように変化します。そして伴星が主星の前を通り過ぎてしまうと、明るさは元に戻ります。このような現象を起こす連星を、「食変光星」といい

130

ます(食は日食や月食のように、後ろの星を前の星が隠すこと)。日食では月が太陽の前を通り過ぎて暗くなりますが、これと同じ原理で明るさが変わるのです。

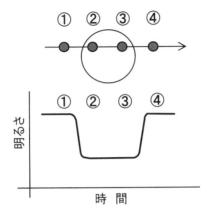

図5-1 トランジットが起きる時とそれにともなう光度の変化の模式図

　まわりを回るのが惑星でも、食変光星と同じようなことが起こって、軌道を横から見ると中心の星(中心星)の明るさが定期的に暗くなります。中心星に比べると惑星はとても小さいので、食というより星の前面を小さな斑点として通過していく、といったほうがいいでしょう。このような現象を「トランジット(通過)」といい、この現象を利用して惑星を探すのがトランジット法です。
　ところでトランジットによって、星の明るさがどれくらい変わると思いますか。ちょっと計算してみましょう。あなたが地球の上で、遠くの恒星と惑星を観測することをイメージしてください。
　まず、中心星と惑星の地球からの距離ですが、二つともものすごく遠いので同じとみなせます。次に、惑星の大きさは中心星の10分の1(太陽と木星の比がこれくらい)としましょう。地球から見ると、恒星(中心星)は丸い面に見え、その前を通過する惑星も丸い

面に見えます。星の大きさが10分の1なら、丸い面の面積は10分の1を2乗して、100分の1になります。つまり、惑星の面積は恒星の100分の1（1％）しかない、というですね。

　ちなみに、1％を等級に換算すると約0.01等に当たります。例えば恒星の明るさが10.00等だったら、トランジットを起こすと10.01等になるということです。そんなわずかな明るさが捉えられるのでしょうか。実は、近年の観測技術の進歩はすごいもので、本職の天文学者だけでなくアマチュア天文家もトランジット観測も行えるようになっています。

(2) トランジットで惑星の大気を探る

　太陽系の外にある惑星には、トランジット法で見つけやすいものと見つけにくいものがあります。どんな惑星が見つけやすいかというと、何といっても第一は「直径が大きい」ものです。中心星を隠す面積が大きくなるから、明るさの変わり方が大きくなるのです。その次は、「中心星の近くを回っている」ということです（図5-2）。

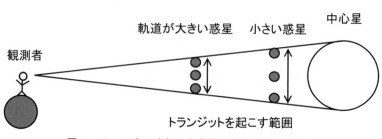

図5-2　トランジットを起こす惑星と中心星の位置関係

　中心星の近くを回っていると惑星がなぜ見つけやすくなるかというと、2つの理由があります。
　1つめは、中心星のすぐそばを回っているということは、公転周

期が短いことを意味します。すると同じ時間を観測していても、明るさが変わる回数が多くなります。明るさが変わる回数が多ければ、見つかるチャンスも増えるというわけです。

2つめは、中心星の近くを回っているほうがトランジットの起きる可能性が大きくなるからです。中心星のまわりを回っている惑星があっても、地球からその軌道を真横から見られるものは、ほとんどありません。大多数は真横ではなくて、そこからずれた方向から見ることになります。すると、中心星から離れて回っている惑星はトランジットを起こす可能性が小さくなり、中心星の近くを回っていればトランジットを起こす可能性が高くなる、ということです。

このような見つけやすい条件をあわせると、「恒星の近くを回っている巨大惑星」がトランジット法で発見されやすいことがお分かりになると思います。とはいえ、太陽系にはそのような惑星はありません。木星や土星といった巨大惑星は太陽系の外のほうを回っていて、太陽に近いところは水星や金星などの小さい惑星が回っているからです。それでは太陽系の外に、トランジット法で見つけやすい惑星なんてあるのでしょうか。

実は、木星のような大きな惑星が、恒星のすぐ近くを回っているのがいくつも見つかっています。このような天体をホットジュピターといいます。「ホット」という名がついているのは、恒星のすぐ近くを回っているため、その表面温度がとても高いと考えられるからです（ジュピターは木星の英語名）。

トランジット法で観測すると、ホットジュピターがどんな大気を持っているのかも推定できます。なぜかというと、トランジットが起こると恒星の光が惑星によって隠されますが、その時に恒星の光の一部は惑星の大気を通過して、「大気の情報」を乗せて地球まで飛んでくるからです。

大気の情報とは、どういうことでしょうか。このことをご説明す

るために、私たちが地上で見ている太陽の光について考えてみましょう。私たちが見る太陽光は、必ず空気（＝地球の大気）の層を通過しています。太陽光が空気の中を通る時に、空気の中に含まれている成分がなにかという、情報が刻まれるのです。これが大気の情報です。

図5-3をご覧ください。これは空気の層を通ってきて、地上に降り注いでいる太陽光のデータです。太陽光を波長ごとに分解して、ある波長で空気に入る前と地上で強さが変わらない場合は100（％）、空気中の成分に吸収されて光の強さが小さくなっている場合は、元の強さに対する割合（％）で示しています。

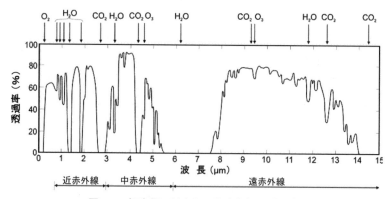

図5-3 各波長に対する、地球大気の透過率
出典：Mikolajczyk J. et al., Matrol. Meas. Syst. Vol.24, pp.653 (2017)

この図の横軸は波長（μm、ミクロン）で、左に行くほど波長が短く、右ほど長くなります。私たちの目に見える光（可視光）は、「近赤外線」と書かれたところのさらに左で、0.4〜0.8μm あたりです。ですから図5-3は、目に見えない赤外線が空気の成分で遮られている様子を示しているわけです。

図の上には、$H_2O$（水）、$CO_2$（二酸化炭素）、$O_2$（酸素）、$O_3$（オ

ゾン）といった空気の成分が書かれています。はじめに、2.7μm・4.2μm・14.4μm付近の$CO_2$の矢印（↓）の下を見てください。透過率は０％、すなわち地表にはこの波長の太陽光が届いていないことが分かります。6.2μmの$H_2O$の↓の下も、5.5 ～ 7.6μmの範囲ですべて０％ですね。ということは、このような波長では「空は真っ暗」ということなのです。（$CO_2$や$H_2O$が吸収した太陽光はどうなっているかというと、空気の層を温めるのに使われています。温まりすぎた状態が「地球温暖化」です）。

　ここでは、地球の大気（空気）による太陽光の吸収についてお話ししましたが、遠く離れたホットジュピターをトランジット法で観測しても、同じようなことが分かります。すなわち、トランジットをいろいろな波長で観測してそれぞれの減光量を比較すれば、そこから大気成分を推定できるというわけです。このような観測は、可視光線よりも赤外線が有利です。なぜかというと、惑星の大気に含まれる分子がよく吸収する波長は赤外線の領域に多いからです（私たちの目に太陽の光がよく見えるのは、可視光は空気であまり吸収されないからです）。

　なゆた望遠鏡には、そのための観測装置である赤外線カメラを取り付けることができます。その名はNIC（Nishi-harima Infrared Camera、西はりま赤外線カメラ）といい、赤外線の３つの波長で同時に天体の撮像を行うことと、太陽系の外にある惑星を波長別に撮影することができます。

　このような研究は、兵庫県立大学の歴代の大学院生が中心となって取り組んできました。その中でも平野佑弥さん（博士課程在学中）は、NICを使ってさまざまな太陽系外惑星のトランジットを観測し、その大気組成を調べています。

　図5-4は平野さんが観測したトランジット天体（XO-2N）の光度曲線で、トランジットを起こしている惑星（XO-2Nb）はホットジュ

ピターです（太陽系の外にある惑星の名は通常、ホストスターの名称の後ろに発見された順にアルファベット（b,c…）をつけます）。XO は、発見に用いられた望遠鏡の名称です。波長によって減光の大きさが違っていますが、これをさまざまな大気成分を仮定したモデルと比べて、もっとも一致するものを探します。

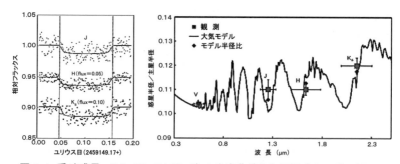

図 5-4　系外惑星、XO-2Nb のトランジット光度曲線と大気組成のモデルとしてもっとも合うものと結論付けた波長ごとの惑星半径と、実際の観測データ
出典：平野佑弥修士論文

　平野さんは観測結果から、XO-2Nb の大気は多量の水素と少量のメタンを持つ可能性があると推定しました。そして、この惑星表面の重力が非常に小さいと考えられました。図5-4右は、さまざまな大気成分を仮定したモデルの波長－半径の関係と、実際の観測を重ね合わせたものです。大気の成分は太陽系の木星型惑星に似ていて、いかにも「ガス惑星」という印象です。それなのに表面の重力が小さいというのはどういうことでしょうか。ホストスターの近くを回るから高温になって、大気の上層が大きく膨らんでいるからなのかもしれません。

第5章　西はりま天文台で見つけたすごいこと

## コラム
## ホットジュピターの発見に天文学者は困惑した

　太陽系の外で最初に見つかった惑星はホットジュピターで、その後もホットジュピターが次々と発見されていったのですが、その当時、天文学者たちはこのような惑星が見つかることに困惑していました。なぜかというと、そのころに考えられていた惑星形成についての考え方（惑星形成理論）からすると、ホットジュピターは信じがたい惑星、いってみれば「異様な星」だったからです。

　惑星形成理論は、当たり前かもしれませんが太陽系の惑星から組み立てられました。すなわち、太陽に近くて温度が高い内側では融点の高い岩石からなる地球型惑星（水星、金星、地球、火星）ができ、太陽から遠くて温度が低い外側では融点の低いガス惑星（木星、土星）や氷惑星（天王星、海王星）ができるためには、どのようなシナリオが適当か考えられて、図5-5の標準モデルが作られました。このモデルは物理学的にも無理がないものでした。ところがこのモデルでは、ホットジュピターのような惑星が生まれることは説明できなかったのです。天文学者が困惑したのも、当然といえるでしょう。

　ちなみに、太陽系の外で最初に発見された惑星はトランジット法で見つかったのではないのですが、使われた方法は「恒星の近くを回っている巨大惑星」（＝ホットジュピター）が見つかりやすいものでした。したがって、「見つかりやすいホットジュピターが、どんどん見つかっていった」ということは考えられるわけです（こういうのをセレクション・バイアスといいます）。実際、その後惑星の発見が多くなるにつれ、ホットジュ

137

ピターは太陽系の外に存在している惑星の中でせいぜい1割ということが分かってきました。けれども、太陽系にはない惑星が太陽系の外に存在することは確かです。

さて、このように天文学者を困惑させたホットジュピターですが、巨大惑星がなぜ恒星の近くを回っているかということも、だんだん分かってきました。どうやら、ホットジュピターも太陽系の木星と同じように、恒星系の外のほうで形成されて、その後に軌道が何らかの理由で大きく変わって内側へ移動してきたらしいのです。

太陽系の惑星配置をふまえて作られた惑星形成理論も、間違いというわけではなかったのです。

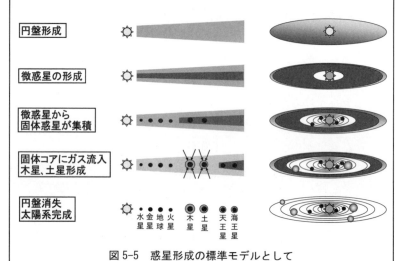

図5-5　惑星形成の標準モデルとして
長く受け入れられてきた過程の模式図
出典：井田茂、異形の惑星、99頁、日本放送出版協会(2003)を一部改変

第5章　西はりま天文台で見つけたすごいこと

## 第2節　生命の証拠を見つける

　太陽系の外に惑星が見つかりました。したがって次は、「その惑星に生命体が存在できる条件はあるのか」の探査です。ところがホットジュピターは、生命体が存在できる条件は絶望的です。生命体を形づくる物質は高温では変性してしまい、機能しなくなってしまうのですが、ホットジュピターの表面は非常に高温（多くの場合、1000℃を超えると考えられます）だからです。とはいっても、太陽系の外で地球型惑星はまだほとんど見つかっていません。このような惑星はとても見つけにくいからです。

　この節では、生命体が存在できる条件のある惑星を、どのように探しているかをお話しします。

### ⑴ まず探すのは、水が存在する可能性がある惑星

　地球以外の惑星に生命体がいるとすれば、そこには液体の水があるはずです。なぜかというと、生命活動をするためには水が必要であって、水の代わりになる物質はおそらくないだろうと考えられるからです。ですから、「その惑星に生命体が存在できる条件はあるのか」の探査は、「その惑星に液体の水が存在できるか否か」を探ることから始まります。

　では、地球から遠く離れたところにある惑星に液体の水があるかどうか、どのように観測すればいいでしょうか。先ほどの図5-3では、水分子（$H_2O$）が太陽光を吸収していましたから、トランジット法が使えるでしょうか。残念ながら、この方法は使えません。水が気体（水蒸気）でしか存在していなくても、この吸収は起こるからです。

　水が液体として存在しているかどうかを調べる方法はちゃんと

139

あって、それは光の「偏光」という性質を利用します。西はりま天文台でも、水惑星を探すための手法としています（図5-6）。

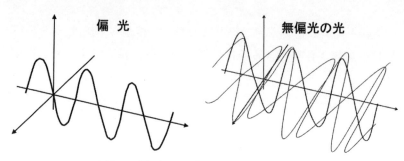

図5-6 「偏光」と「無偏光の光」の概念図

「光には波の性質がある」と聞いたことはありますか。波には縦波と横波の2種類があって、光は横波です。したがって光は、水面の波のように振動しながら空間を伝わっていきます。横波は光の進む方向と垂直に振動しますが、振動する方向が一定である光を「偏光」といいます（図5-6左）。一方、太陽や電灯から出る光は振動する方向がばらばらで、一定の方向にそろっていません。このような光は、「無偏光の光」といいます（図5-6右）。

ところが無偏光である太陽や電灯の光を、水面や地面などに反射させると偏光に変わります。どのような方向に振動するかは、反射面の成分によって異なります。ちなみに空が青いのは、太陽の光が大気の分子にぶつかって散乱し、波長の短い青い光ほどよく散乱するからです。散乱する時にも光の波が振動する方向が一定になるので、青空の光も偏光した光なのです（カメラ好きな人は、「偏光フィルター」を見たことがあるかもしれません。このフィルターは偏光だけを通すので、空の偏光した光だけのドラマチックな写真を撮ることができます）。

星の光の中にも偏光があります。偏光になるのは、地球までやっ

第5章　西はりま天文台で見つけたすごいこと

てくる途中でダストによる吸収や散乱の影響を強く受けたり、強い磁場を持った天体からやってきたり（磁場が強いところからきた光も偏光します）といった場合です。

　ここまでくると、ピンときた方もいるのではないでしょうか。中心星の光を反射した惑星の光は、偏光している可能性が高いのです。しかもその偏光は反射面の成分を反映しますから、惑星表面の組成を判別するのに使えます。

(2) 地球照から液体の水の反射による偏光が分かる

　では液体の水がある惑星からやってくる光は、どのように偏光しているのでしょうか。これはなかなか難しい問題で、なぜかというと私たちは地球以外にこのような惑星を知らないからです。おまけに地球が反射した光を見るためには、宇宙に行かなくてはいけません。さて、どうしましょうか。

　実はそのために打ってつけの天体があるのです。それは月です。皆さんは三日月が夕方の西の空に浮かんでいる時、欠けた部分が「ぼんやりと光っている」のを見たことがありませんか。そのぼんやりと光っているところは、地球の反射光で照らされているのです。これを「地球照(ちきゅうしょう)」といいます（図5-7）。

図5-7　地球照の模式図（左）と実際の地球照の光景（右）

　地球照の光源は太陽光を地表で反射した光ですから、偏光です。

つまり地球照を観測すれば、液体の水がある惑星でどのように偏光するかが分かるのです。

　兵庫県立大学の高橋隼特任助教は、さまざまな時期の地球照を観測して偏光を観測しました。地球照には、陸が反射したものと海が反射したものが含まれています。図5-8は、海から来る光の割合が変わると、偏光がどのように変化するかを示したものです。

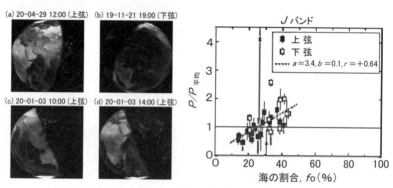

図5-8　地球照の観測日ごとの、光源である地球の様子。
　　　　光源に海が含まれる割合と偏光度の関係
出典：Takahashi, J. et al., Ast. & Astrophy., Vol.653, No.99 (2021)

　この観測には、赤外線観測装置NICの偏光モードを使いました。この装置はシンプルな赤外線カメラとして使えるだけでなく、偏光観測装置として使うこともできます。図5-8右は海の割合と偏光度の関係を示したもので、この二つの間にはきれいな関係が見られます。ということは、太陽系の外にある惑星を偏光観測すれば、その星に液体の水がたまった海があるかどうかが分かるかもしれないのです。

第5章　西はりま天文台で見つけたすごいこと

## 第3節　星が生まれるところをとらえる

　西はりま天文台では、「星はどのようにして生まれて、成長していくのか」を明らかにする観測も行っています。

　星はずっと昔から光っていて、はるかな未来まで光り続けるもののように思っている人がいるかもしれません。ところが実際は星にも始まりと終わりがあり、その間の時間が人間よりはるかに長いだけなのです。

　星がどのようにして生まれ、どのように死んでいくのかという問題は、今日の天文学でも大きなテーマであり続けています。詳しくお話すれば、それだけで一冊の本になるのですが、この節ではなゆた望遠鏡を使った観測で、星の生まれる様子について分かったことをお話ししましょう。

### ⑴ 星はどのように輝いているのか

　星がどのようにして生まれるかを知るためには、星がどのように光っているかを理解する必要があります。最初にそのことをご説明しましょう。

　太陽のような恒星は惑星と異なり、自分で光を出して輝いています。そのエネルギーはどうやって作られるのか、人間は長い間考えていました。

　最初に考えられたのは、石炭のようなものが燃えて太陽が輝いているのではないか、ということでした。人間がエネルギーを得る方法はいろいろありますが、もっともイメージしやすかったからでしょうね。ところが太陽の大きさから計算すると、物が燃えて輝いているのでは、たかだか数千年くらいしか今の明るさを維持できません。聖書に書かれた歴史を足し合わせると数千年になるので、か

143

つては「正しい」と思われていたのですが、現在では地球の歴史が46億年だと分かっていますから、別の仕組みを考えなければなりません。

　次に考えられたのが、水素ガスの塊である太陽が重力によって縮んでいく（収縮する）際に、重力エネルギーが熱に変わって輝いているというものでした。ところがこれでも、今の明るさを維持できる期間は3千万年ほどでした。

　20世紀が始まって間もない1905年、アインシュタインが有名な一つの式を発表しました。それが「$E=mc^2$」です。質量とエネルギーの関係を表すこの式は、物質のごくわずかな質量が莫大なエネルギーに変化することを意味しました。これが分かってから、星も同じ原理で輝いているのではないかと考えられるようになりました。そして、今度こそ「正解」だったのです。

　次はこの仕組みについてご説明します。ちょっと難しいかもしれませんが、なるべくかみ砕いてお話ししますので、少しだけ辛抱してくださいね。

　私たちの体は、水やタンパク質などのいろいろな材料からできていて、その材料を物質といいます。物質はとても小さい粒（原子）からできていて、原子の種類はたった100ほどです。そして、原子の種類のことを元素といいます。

　原子は、中心に原子核があって、そのまわりを電子が回っています。原子核は、＋の電気をもつ陽子と、電気をもたない中性子からできています。原子核に含まれる陽子の数は元素ごとに決まっていて、例えば水素だったら陽子は1個だけです。私たちが生きていくためには必要な酸素は、原子核に陽子が8個と中性子が8個あります（図5-9）。

　原子核のまわりを回っている電子の数は、原子核の陽子の数と同じです。そのため、陽子の＋の電気は電子の－の電気とつり合っ

144

て、原子は電気を帯びていない状態になります。

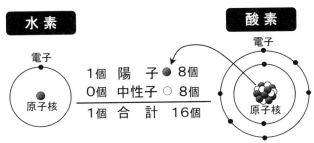

図5-9 水素（左）と酸素（右）の模式図。原子核の中の陽子数が元素の種類を決めている

　先ほど、石炭を燃やせばエネルギー（熱）が得られることをお話ししましたが、物が燃えたりするなどの化学反応は電子がやり取りされるだけで、原子核はその前後で何も変わりません。なぜかというと、原子核はものすごく大きなエネルギーで結合しているので、電子のやり取りで生じるくらいのエネルギーでは「びくともしない」からです。

　ところがその原子核も、とても大きなエネルギーを使えば変えられることが、20世紀に分かりました。そのことが不幸な形で使われたのが、原子爆弾（核分裂爆弾）と水素爆弾（核融合爆弾）です。

　太陽は水素爆弾と同じ反応、すなわち核融合反応によって輝いています。核融合反応とは、原子核同士が衝突して陽子の数が多い原子核になる反応のことをいいます。太陽だと、核融合反応に使われるのは水素です。水素の原子核は陽子が1つで、中性子の数は0から始まって何通りかありますが、もっとも多いのは0個のものです（軽水素ともいい、水素の99.9855％を占めます）。

　軽水素の原子核が4つ衝突すると、陽子2つと中性子2つからなる原子核（ヘリウム4）が作られます。陽子4個が衝突したのにいつのまにか半分が中性子に変わっているので不思議に思われるかも

145

しれませんが、水素の原子核が4つ同時に正面衝突することはまず起きないので、実際には順々に衝突が起きて、その間に陽子が中性子に変わっているのです。

ところで先ほど、アインシュタインの有名な式 $E=mc^2$ が出てきましたが、軽水素の原子核4つが衝突してヘリウム4になるのと、どんな関係があるのでしょうか。ヘリウム4の原子核には陽子が2個と中性子が2個あるのですが、裸の陽子2個と中性子2個をあわせた質量よりも、ヘリウム4の原子核は軽くなっていて、両者の質量の差が莫大なエネルギーに変化するのです（図5-10）。

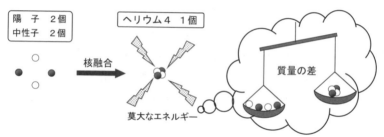

図5-10　恒星は核融合反応で生じたエネルギーで光っている

　私たちの身のまわりでは、物質の質量は増えたり減ったりしません。例えば、かばんに10キログラム（kg）の荷物を入れたら、元のかばんの重さより10kg重くなります。もし1kgの食べ物を食べると、体重は（トイレに行かない限り）1kg増えます。こういうのを質量保存の法則といいます。

　ところが水素が核融合すると、その前後では質量が変わってしまいます。ヘリウム4ができる時に質量がほんのわずか減って、これがエネルギーへと変わるのです。すなわち核融合反応は、質量をエネルギーに変える反応です。

　核融合反応で莫大なエネルギーを取り出せますが、それにはもの

すごい高温と高圧が必要です。そのため、人類が核融合エネルギーを取り出すことができたのは、今のところ水素爆弾という兵器しかありません。安全に持続して核融合を起こすという「人工太陽」は、現在の人間の技術では手が届かないのです。

## (2) 星はこんなふうに生まれる

星が輝き始めるというのは、星の中で核融合反応が始まることですが、それには核融合をスタートさせるためのエネルギーが必要になります。星はそのエネルギーを、いったいどこから得ているのでしょうか。

核融合を起こす材料である水素は、宇宙で最も多く存在する元素です。そして宇宙のどこかで水素が集まり始めるのが、星が生まれるきっかけになります。水素が集まり始めて「ガスの塊」になると、その重力に引かれて水素がもっと集まってきて、ガスの塊はどんどん大きくなっていきます。水素が大量に集まれば集まるほど、重力によって中心の温度と圧力はどんどん高くなっていきます（重力によってガスの塊の中心へ向かって水素が落ちていき、その際に運動エネルギーが熱に変わるからです）。ガスの塊はやがて光を放ち始めます。これが最初の星の輝きですが、まだ核融合反応は起こっていません。

ところで先ほど、「宇宙のどこかで水素が集まり始める」とお話ししました。宇宙空間は「真空」なのに、どこに水素があるのでしょうか。実は宇宙は全くの空っぽでなく、ごく低い密度ですが水素のようなガスや塵（ダスト）が存在しています。場所によってはそれらが、周辺より密度が高い塊のようになっていて、そういったところを星間分子雲といいます。星間分子雲のなかで、何らかの原因で特に密度が高い部分ができると、それが星の種になります。

重力によって輝き始めた星を、「原始星」といいます。ただその

光は、人間の目には見えない赤外線です。まだ温度が低いので、人間の目に見える光（可視光）を出せないからです。原始星に水素がさらに集まってくると、重力でつぶれて中心温度がさらに上がっていきます。すると星の中心部で生み出された熱エネルギーが、星の表面に届いてそこの温度も上がっていきます。そうすると星は、人間の目で見ることのできる可視光線を放ち始めます。

　原始星に水素がさらに集まってくると、星間分子雲がだんだん晴れ上がっていき、星が雲の外から見えるようになります。ガスが晴れ上がって質量の増加が終わった原始星は、自分の重力によってさらに縮んでいき、中心の温度もさらに高くなっていき、やがて1000万℃くらいに達します。そうなると星の中心で、水素の核融合反応が始まります。それまでは重力で収縮するばかりだった星は、中心での核融合反応によって外向きの圧力が生じて、やがて釣り合って縮小が止まります。この段階の星を主系列星といい、星の青年期といえるでしょう。ちなみに太陽も主系列星です。

　このように、核融合をスタートするためのエネルギーは、水素の塊が重力で縮んでいくことから得られたのです。

### ⑶ 原始星にガスが積もる様子を観測

　星間分子雲から星が誕生する様子を駆け足でたどりましたが、原始星が生まれてから主系列星になるまでには長い時間がかかります。例えば質量が太陽くらいの星だと、数千万年も必要です。また原始星から主系列星への道のりは必ず一直線に進むということでもなくて、質量の増加が終わった後にまた新たにガスが蓄積することや、逆にガスを放出して質量が減らすこともあると考えられています。

　西はりま天文台では、この道すじの途中にいる星について研究しています。中でも原始星にどのようにしてガスを降り積もるのか

148

は、とても興味深いテーマだと思います。

　ところで、夜空の星の中には明るさを変えるものがあり、変光星と呼ばれます。生まれて間もない星の輝きはまだ安定していないため、変光する星が少なくありません。それらの多くは明るさを大きく変えないのですが、数は少ないものの明るさが大きく変わるものもあります。もっとも劇的なのが、ずっと暗いままだったのが突然とても明るくなり、その後も明るいままでいるか、あるいは何十年もかけてゆっくりと暗くなるという増光現象を示す星です。このような星を、代表的な星の名前から「オリオン座 FU 型変光星」といいます。

　オリオン座 FU 型変光星の増光は、星のまわりから降り積もる物質が増えるために起こると考えられています。ところがこのような星は少ししか知られていません。原始星に物質が大量に降り積もることは、それほど頻繁には起こらないのです。

　そのめったにない変光星を、日本の新天体ハンターの小嶋正さんが 2014 年に発見しました。詳しい観測で生まれて間もない星の増光現象と分かり、明るくなる前の星がどれだったかも明らかにされ、３等級くらい明るくなったことも分かりました（それまでこの星は、変光星として認識されていませんでした）。この星にはいっかくじゅう座 V960 という、変光星の名前がつきました。いっかくじゅう座は冬の大三角の中にあり、この星座の中には星が生まれている領域がたくさんあります。

　この発見の当時、西はりま天文台に勤めていた高木悠平研究員（現在は国立天文台勤務）らはさっそく、この新しい変光星をなゆた望遠鏡で長期の分光観測を行いました（図 5-11）。使ったのは「光を虹に分ける装置」ともいわれる MALLS（低中分散分光器）で、光を波長方向に分解して強度分布を調べられます。

　光を波長ごとに分解したものをスペクトルといい、スペクトルを

調べることにより光を発しているもの（星もその一つです）や、光が通ってきた物質の性質が分かります。中でも星の光のスペクトルから、星の表面に存在する元素が分かるのは重要です。

　皆さんは理科の時間などに、太陽の光をプリズムに通したことがありますか。プリズムを通った太陽光は、赤・橙・黄・緑・青・藍・紫の虹の色に分かれますが、MALLSのような分光観測装置はプリズムよりずっと細かいスペクトルに分けることができます。そうすると星のスペクトルには、まわりより明るい線（輝線）や暗い線（吸収線）が見えます。実際は横軸に波長、縦軸に光の強度をとったグラフで表すことが多く、輝線や吸収線は「とがったり」「へこんだり」しています。輝線や吸収線は、特定の元素が光を放ったり、逆に吸収したりすることで生まれます。ですから、どんな波長に輝線や吸収線があるか分かれば、どんな元素が星に含まれているかが分かるのです。

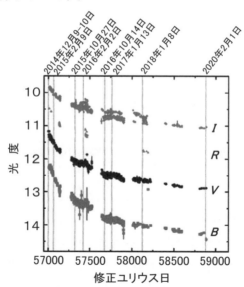

図5-11　明るくなって発見されて以後のいっかくじゅう座 V960の光度変化
出典：Takagi, Y. et al., Astron. J., Vol.155, No.101 (2018)

星にどんな元素が含まれているか分かると、次にそれから星の温度を知ることができます。図5-12はいっかくじゅう座V960のスペクトルの一部を拡大したもので、へこんだところがたくさんありますね。これが吸収線で、図の下に示すように鉄・ケイ素・カルシウムなどの元素が光を吸収して生じたものです。

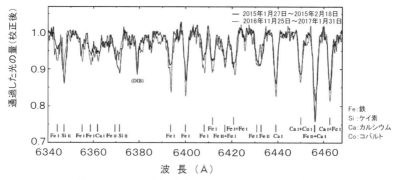

図5-12　いっかくじゅう座V960のスペクト（の一部）。凹みが大きいほど吸収線は強い
出典.: Takagi, Y. et al., Astrophy. J., Vol.904, No.53 (2020)

　図5-12にはスペクトルの線が2つありますが、実線はこの星が明るくなってまもないころ（2015年）、点線はやや暗くなったころ（2016～2017年）のものです。同じ波長に吸収線がありますが深さが違っていて、やや暗くなったころのほうが全体的に光の量が減っています。これは吸収線を作っている元素が増えたのではなくて、星の温度が下がったのが原因です。くわしく調べると、温度が1000度ほど下がっているようでした。

　また、吸収線の形状の変化もくわしく見ると、1年くらいで光源が小さくなったことも分かりました。星が急に小さくなったとは考えにくいので、この光は星のまわりに形成された円盤からやってきたと考えられます。

いっかくじゅう座V960は明るくなった後、今度は少しずつ暗くなっていきました。図5-12に示した観測の間で、0.5等くらい暗くなっています。これにともなって温度が下がっていて、これを円盤の明るさの変化に結びつけて計算すると、物質の星に落ち込む量が半分くらいに減ったと推測されました。同時に、光度の変化は円盤に由来していることも確かめられました。

この星の観測は高木さんが国立天文台に異動してからも、ハワイにあるすばる望遠鏡を使って続けられています。その結果を見ると、明るくなってまもないころは円盤からやってくる光が支配的で、暗くなるにつれて中心の星の光に取って代わるようだと分かります。


## 第4節　重力波天体を発見！

西はりま天文台で見つけたすごいことのお話しもいよいよ最後、「アインシュタインが予言した"重力による空間のゆがみ"は宇宙で見つかるのか」です。

ところで皆さんは、重力を感じたことがありますか。例えばボールを上に向けて投げると、どんなに強い力で投げたとしても、やがて下に落ちてきます。ボールがそのような動きをするのは、上に投げた力を打ち消す力が働いているからです。それが重力です。皆さんが坂をのぼっていく時、坂が急だとのぼるのが大変ですよね。この時、皆さんは重力を感じているのです。

このように重力は、私たちにとてもなじみ深いものです。重力は先ほどお話ししたように、星が生まれる時にも重要な役割を演じました。そのため重力も、天文学の観測対象になっているのです。「アインシュタインが予言した"重力による空間のゆがみ"は宇宙

第5章　西はりま天文台で見つけたすごいこと

で見つかるのか」は、それを表現したものです。

　ところでこの重力、正体はいったいどんなものだと思いますか。

## (1) 物体の質量はその周囲の時空を歪ませる？

　重力について考えると、不思議なことに気がつきます。それは、「重力はお互いが直接接していない物体の間に働く」ということです。例えば先ほどのボールの話ですが、投げ上げたボールがやがて落ちてくるのは、ボールに地球の重力が働いているからです（逆に、地球にもボールの重力が働いています）。ボールが地面にぶつかるまでは、ボールと地球は接していません。ところが、ボールと地球の間には重力が働いていました。

　物理学者は長い間、いろいろな力がどのようにして生まれるのかという問題で頭を悩ませてきました。とりわけ「お互いが直接接していない物体同士に働く」力は不思議なものです。実はそのようなものは他にもあり、例えば静電気や磁気がそうです。そこで18世紀のファラデーは、波が水や空気などによって伝わるように、電気や磁気もそれを伝える「もの」があると考えました。

　そして重力も、それを伝える「もの」があると考えられるようになりました。アインシュタインが提唱した一般相対性理論は、「重力は物体の質量がその周囲の時空を歪ませることで発生する」と考えました。

　時空の歪みを表現した図5-13で、網の目が時空を表します。網の目の上に何も乗っていないところは、線がまっすぐですね。これが歪んでいない時空です。ところが3つの球が乗ったところは網が下に向かって歪んでいて、球が大きいほど歪みが大きくなることが分かります。これは時空が質量を持った物体によって歪んでいることを表しています。

　この図に示した物体は静止していますが、宇宙にある星は運動し

ています。それでは次に、質量を持った物体が運動している場合を考えて見ましょう。

　物体の周囲の時空の歪みは、物体が運動すると歪みもまた波のように周囲へ広がっていきます。お風呂につかった時に手のひらをお湯の表面に垂直に立てて、手を左右に動かすのをイメージしてください。手のまわりにできた波は、だんだん周囲に広がっていきますね。時空を歪ませた物体が運動した時にできる波も、これと同じように周囲に広がっていきます。そしてこの時空の波を重力波といいます。

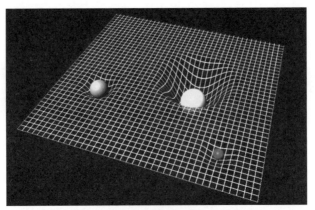

図 5-13　重力による空間の歪みの概念図
出典：https://www.esa.int/ESA_Multimedia/Images/2015/09/Spacetime_curvature

　重力波は質量を持った物体が運動すれば必ず発生するのではなく、加速度を持った運動でないと発生しません。例えば、強い重力をもつ天体がお互いのまわりを回っている場合は、加速度が生じていますから重力波が放出されます。ということは、アインシュタインが提唱した一般相対性理論が正しいならば、重力波が観測できるはずです。

　アインシュタインが一般相対性理論を提唱したのは1915年です

が、重力波はなかなか見つかりませんでした。なぜかというと重力波は、光や音のように簡単に捉えられる観測装置がなかったからです。

時空が歪むとそこにある物体も歪みますから、重力波の存在を示すためにはこの歪みが観測できればいいはずです。ところが、かなり強い重力波でも歪みはごくわずかなものです。そのため、「重力波がついに発見か」といわれたのに後で間違いだったと分かった、ということもありました。

一般相対性理論が発表されて1世紀たった2016年、重力波が検出されたと発表されました。これは2015年に起きた連星ブラックホールの衝突に伴って発生した重力波を、LIGOという装置を使って検出したものです。この装置は、レーザー光が装置の間を行って戻ってくる時間が、時空が歪むとわずかに変化するのを光の干渉を使って捉えることによって、重力波を観測しようとするものです。

強い重力波の発生源は重力が強い天体です。そして重力が強い天体は質量が大きく、しかもとてもコンパクトな天体です。例えば、太陽の質量の12倍以上という大質量の恒星が燃え尽きる時、超新星爆発という大爆発を起こして中心部分だけが残りますが、中心はけた外れに高密度です。恒星の質量が30〜40倍より大きいと、光でさえそこから出られないブラックホールになり、そこまで重くないと中性子星になります。中性子星は原子核を隙間なく固めたような天体で、1立方センチメートル（cm³）当たり数十億トンもの密度があります。

中性子星やブラックホールだけでも想像を絶する存在ですが、宇宙にはこれらがお互いのまわりをすぐそばで回っている連星が存在します。公転する速度も大きいので、それに伴って重力波が放出されます（図5-14）。

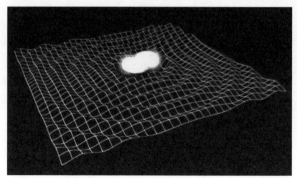

図 5-14 高密度天体の連星が重力波を放出する模式図
出典：https://gwpo.nao.ac.jp/about_gw/

　このような連星は、最後は衝突してしまうと考えられています。なぜかというと重力波もエネルギーを持っているので、強い重力波を放出し続けるとだんだん公転する運動エネルギーを失ってしまうからです。その結果、公転軌道の半径はどんどん小さくなり、ついに衝突してしまうのです。そして衝突の瞬間、それまでよりずっと強い重力波が発生します。多くの天文学者が、この重力波を観測したいと手ぐすねを引いていました。

### (2) 光で重力波天体を捉える

　中性子星どうしがお互いのまわりを回っている連星は1980年代に発見され、重力波の放出に伴う軌道周期の変化もこのような連星で発見されました。したがって重力波は、間接的には見つかっていたのです。
　ところで、ブラックホールどうしの合体は重力波を観測しないと分かりませんが、中性子星どうしが合体した時は光を発すると考えられるので、その光を捉えることができるはずです。中性子星どうしが衝突する時にはさまざまな原子核が作られ、その中には放射線を出すものもあります。この放射線が、中性子どうしが合体した時

第5章　西はりま天文台で見つけたすごいこと

に放たれる光の源です。これをキロノバといいますが、ノバ（新星）とキロ（1000）をくっつけた造語で、「新星の1000倍くらいの明るさになる」ことを意味します。

ちなみに私が子どものころ、金やウランといった極めて重い元素は、大質量の星の最後に起こる超新星で作られると考えられていました。ところが最近は、こうした元素は主に中性子星どうしが合体した時に作られるという考えが有力になっています。

キロノバや、それと同様の高エネルギー現象と考えられるショートガンマ線バーストという突発増光は、これまでも知られていました。ですから次は、これらの現象を重力波の発生とセットで見つければ、その現場を「直接」とらえたことになるわけです。そのためには重力波が検出され、さらにその発生した場所が分かったら、そこに望遠鏡をできるだけ早く向けて観測をする必要があります。

とはいえ、研究観測の望遠鏡はいつでも自由に使えるわけではありません。いくら重要な天体でも変わりはなくて、「使用目的と時間が割り振られた通りに観測する」というのがほとんどです。

こうした制限を乗り越えて、重力波天体の光学的に対応する天体を観測する目的で立ち上げられたのが、J-GEM（Japanese collaboration of Gravitational wave Electro-Magnetic follow-up、日本の重力波追跡観測チーム）というプロジェクトです。広島大学や京都大学、国立天文台など国内の望遠鏡を持つ施設でネットワークを作り、重力波のニュースを受けたらすぐに観測するというものです。西はりま天文台もこれに名を連ねていて、それらしい天体が見つかったら場所が分かりしだい、最優先で観測することになっていました。

### ⑶ 重力波天体が発見された！

その日がついにやってきました。2017年8月、重力波天体を発見

157

したという一報が飛び込んできたのです。

　私はその時、スターダスト明けに夏休みをとって帰省し、兵庫へ戻る途中でした。高速道路を走っていたら、急な雨で視界が悪くなったのでサービスエリア（SA）に入り、休憩しながらメールをチェックし始めました。すると、「重力波が検出された。中性子星どうしの合体によるものらしく、対応する天体が明るくなって16等級（赤外線）に達した。至急観測を」という呼びかけのメールが目に飛び込みました。「重力波天体が出現したんだ」と思いました。

　私も急な雨でSAに車を停めている時にこのメールを見たくらいですから、「西はりま天文台も天気は良くないかも。観測はできないだろうな」と思いました（後で聞いたところ、実際に天文台もこの日は悪天候で観測できませんでした）。

　翌8月19日、ちょうど私が観測当番でした。もちろん、最優先はこの天体です。それが現れた場所は、うみへび座の南東の端近くにあるNGC4993という銀河でした（図5-15）。ところがうみへび座は春の星座で、今はもう夏の終りです。この星座は東西に細長いので、NGC4993のあたりは観測できなくはありませんが、それでも夕方のごく短い時間だけでしょう。

図 5-15　NGC4993のわきに現れた SSS17a（重力波源にあたる場所で光っている天体）の画像。すばる HCS と IRSF の赤外線画像から作成された。左は重力波イベント検出から1日後、右は7日後。7日後は減光しているのが分かる
　出典：Utsumi, Y. et al., PASJ, Vol.69, No.101 (2018)

第5章　西はりま天文台で見つけたすごいこと

　本田敏志助教（当時。現准教授）が調べてくれたところによると、日没から数分後でも高度は、地平線からわずか13°にすぎません。観望会が始まる19時半には7°まで下がり、低空に少しでも低空に雲があったらアウトです。観望会が始まるまでのわずかな時間に狙うしかありません。

　まだ日がかなり長い時期なので、焦らずいつも通りの時刻に天文台へ出勤し、観測室へと向かったら、すでに待ちわびた感じで伊藤洋一センター長が待っていました。


「はやく観測しなくちゃ、はやくはやく」


　観測に使うのは赤外線カメラNICです。NICは空が比較的明るくても星を写せるので、「暗くなるのを待っていないで早くやろう」というわけです。まずは明るい星を使ってピント合わせからです。

　ピント合わせは普通、なゆた望遠鏡の端末にピント位置を入力すれば自動的に行えます。位置は気温などで多少変化しますが、気温と位置の関係はデータがありますから、本来ならその数字を入れればピントはだいたい合うはずです。

　ところが、タイミングが悪いことにこの時は、第4章でお話しした落雷による故障から少ししか経っておらず（第2節(3)）で、なゆた望遠鏡は完全復旧できていませんでした。望遠鏡そのものは動かせたのですが、ピント合わせ用のモーター制御部分は故障したままで、手動でやらなくてはいけませんでした。星の像を試しに撮影しながら、ピントを動かすボタンを押して合わせるのです。また、撮影した画像の写ったディスプレイの前で作業できればいいのですが、そのような仕組みにはなっていないため、なゆた望遠鏡の制御コンピュータの入った筐体ボタンで手動のピント合わせをしなければいけません。

159

天頂付近のなるべく明るい星を選び、ディスプレイの前で画像をにらんでいる伊藤さんに像の様子を聞きながらピント合わせのボタンを押すのですが、手動で調整する設計ではないのでなかなかうまくいきません。それに、なにしろ緊急事態で気も動転気味です。

　ようやくピントが合ったので、まだ空は明るいけれども観測が始まりました。赤外線の観測は、画面にすぐきれいな像が出てくれるわけではなく、明るい空を画像処理しなければなりません。その時は「後で画像処理をすればいい」と考えながら、どんどん撮影を続けました。ところがそのうち、低空に雲が出てきました。観測を続けていると空が少しずつ暗くなってきて、銀河 NGC4993 や星の画像がかろうじて写ってきました。キロノバが写っているかどうかは画像を見ても分かりませんが、後で画像処理すれば見えるかもしれません。

　星が写ってきたと喜んでいたら、観望会の時間が迫ってきました。この日は夏休みの週末で100人以上のお客さんがつめかけていて、「重力波天体が出ているので待ってください」というわけにもいきません（そもそもこの段階では、重力波天体の発生は関係者以外には決して話してはいけません）。天体の高度も観測できる限界に近づいてきました。なゆた望遠鏡の焦点を眼視観望モードに変え、見ごろになっていた木星へと向けて、観望会に向けてスタンバイです。

　さて、キロノバは写っていたでしょうか。残念ながら、画像処理をしてもキロノバは見えませんでした。どうやら、極限等級（検出することができる最も暗い等級）が足りなかったようです。画像処理をさらに頑張ってみたのですが、「キロノバらしきものが、かすかに見えるような見えないような」という感じでした。それから3日間、夕方にこの天体を観測しました。スッキリ晴れた状態で撮像するのが難しかったこともあり、西はりま天文台で「はっきり見え

第5章　西はりま天文台で見つけたすごいこと

た」というデータは得られませんでした。

　その後に論文となった光度曲線を見ると、近赤外線領域での明るさは 17.5 等くらいだったようです。この等級だったら悪条件でなければ、なゆた望遠鏡でなんとか見えたはずです（NIC は 19 等まで写ります）。残念です。ちなみに「見えた」というデータが得られたのは、南アフリカやニュージーランドといった南半球にある望遠鏡と、北半球でも緯度が低いハワイにあるすばる望遠鏡だけでした。

　とはいえ、「見えなかった」というデータも大事なのです。そして、2017 年 8 月に現れた重力波天体を可視光で観測したこと自体が、新たな時代を切りひらくものだったともいえるでしょう。この結果をもとにして執筆された論文は、日本天文学会の 2020 年度論文賞を受賞しました。NIC で観測を行ったメンバーも論文に名前が並んでいて、同学会から表彰状が西はりま天文台に届きました。この表彰状は今でも、南館のロビーに飾られています。

161

# 第6章

# 星が好きな少年が
# 天文学の研究者になるまで

　第5章までは西はりま天文台と、望遠鏡で見る「向こう側」の天体についてお話してきましたが、この章では望遠鏡をのぞいている「こちら側」についてご紹介することにします。まわりくどい書き方ですみません。この本の著者である私のことです。

　第6章では、私がどのようにして天文学の研究の道へと進むようになったのか、についてお話します。自分のことを書くのは少し恥ずかしいのですが、お付き合いください。

## 第1節　星に興味をもつようになるまで

### ⑴ 名古屋のプラネタリウムにあった星の本

　私は飛騨山脈のふもとにある、岐阜県恵那市という人口3万ほど（当時）の小さな町で生まれ育ちました。小さいころは暗いところが怖くて、家の中でも夜の廊下が歩けない子どもでした。食事をする母屋から寝床のある離れに行くだけでも、怖くて暗がりを見ることができません。こんな状態ですから、暗い空に光っている星にも興味はありませんでした。

　星に近づくきっかけになった一番古い記憶は、プラネタリウムです。恵那から電車に1時間くらい乗ると、名古屋に出ます。たった

162

第 6 章　星が好きな少年が天文学の研究者になるまで

1 時間でも子どもにはとほうもない遠くですが、母親の実家があっ
たので時々行きました。幼稚園のころ、名古屋市立科学館に連れて
行ってもらったことがあり、そこにプラネタリウムがありました。
そこでどんな星を見たかは覚えていないのですが、物販コーナー
でかこさとしさんの『なつのほし』（偕成社、1985 年）という絵本
を買ってもらったことはよく覚えています。この本には、「アンタ
レス（さそり座の 1 等星）の大きさは太陽の 230 倍」「太陽は地球の
110 倍の大きさ」と書いてありました。ものすごい大きさの数字に
興味を持ったことを、よく覚えています。

　小学生になってからも、星の本を読むことはあっても実際に空の
星を見ることはありませんでした。このころ、恐竜や数字など科学
についての本をよく読んでいました。実際に見た星は月くらいで、
かなり小さいときに月食を見た記憶があります。その時は母親の実
家に泊まりに行っていて、欠けた月を見ました。この本を書きなが
ら調べてみると、どうやら 1990 年 8 月の月食のようです。この月
食では、月が最大で 7 割近く欠けたのですが、私はその前に寝てし
まいました。

## (2) 図書館で借りた本に西はりま天文台が書かれていた

　小学校の図書館とは別に、恵那には市立図書館がありました。家
から歩いて 1 時間ほどかかるので一人ではまだ行くことはできず、
家族に連れて行ってもらいました。その図書館である時、宇宙の歴
史が書かれた本を借りたことがあります。天文学者の「お父さん」
が、自分の息子と近所の女の子に歴史について教えるという本（『お
父さんが話してくれた宇宙の歴史　2』岩波書店、1992 年）で、著者
は一般向けの宇宙の本をたくさん書いている池内了さんです。

　この本に、「お父さんの実家から車で 1 時間くらいのところにで
きた天文台」へ遊びに行くという場面がありました。池内さんは姫

163

路市の出身なので、「車で1時間くらいのところの新しい天文台」というと、西はりま天文台が思い浮かびます。私が西はりま天文台に勤めるようになってから、この本のことを思い出して天文台の図書室で探しました。見つかったのでさっそく開いてみると見覚えのあるページがあり、そこには「60センチメートル（cm）の望遠鏡」のある天文台ができたと書かれていました。西はりま天文台も2004年になゆた望遠鏡ができるまでは、60cm望遠鏡が主役でした。その本の挿絵に、天文台のドームとシラカバの木が何本か描かれていました（図6-1左）。西はりま天文台のある丘には、少し前までシラカバの木が植えられていました。図6-1の右は西はりま天文台の写真で、挿絵と雰囲気が似ています。池内さんの本で書かれた天文台は、西はりま天文台だと私は考えています。どうやら私は小学校のころに、本を通して西はりま天文台と最初の接点があったようです。

図6-1 西はりま天文台との出会い。左は子ども時代に読んだ絵本の中の西はりま天文台をモデルにしたと思われる挿絵（池内了著・小野かおる絵、お父さんが話してくれた宇宙の歴史 2、岩波書店、4頁（1992）、右は現在の西はりま天文台

(3) 外で遊ぶより図書館で本を読んでいるほうがいい

こんな本を書く人の子ども時代は、外で観察や採集などに明け暮れていたと読者の皆さんは思われるかもしれません。例えばアンリ・ファーブルは子どものころ、昆虫を観察していたら夜になった

第6章　星が好きな少年が天文学の研究者になるまで

のに気がつかなかった、ということがあったそうです。ところが私は、外へは出かけたがらない子どもでした。

　小学校では休み時間に外で遊ぶのが苦痛で、自習の時間に「早く終わったら外に遊びに行っていいよ」といわれることだけでもいやでした。通っていた小学校では「今月の目標」というのがあって、冬になると「外で元気に遊ぼう」となりました。ところが私には、これがいやでたまらなかったのです。

　でも、図鑑を読むのは好きでした。そしてある時、図書館にいれば休み時間に「外へ遊びに行け」といわれないことに気づいたのです。その小学校には当時、図書館教育に力を入れている先生がいて、いつも図書館がにぎわっていました。運動場と校舎のあいだの石垣には、段のようになった小さな岩があって、そこに座って借りた本を読んでいました。こうすれば教室から、「外に出ている」ことになったからです。今から思うと、本を読むのにふさわしい場所ではなかったような気もします。

　小学校の図書館で人気のあるのは童話や物語ですから、そこから離れた理科や算数の棚はあまり人も多くないので、本をゆっくり探したり、しゃがんで読んでいたりしても大丈夫でした。小学生の途中から、理科などの本は調べ学習の授業のとき便利なように別の部屋に移動されたので、そこは休み時間にはほとんど人がおらず、なおさらゆっくり本が読めるようになりました。

　中学年になったころ、その図書館に前川光さんが書いた『子ども天文教室』というシリーズが入りました。他の天文書には出てこないような話が豊富に取り入れられていたり、こまかい数字や天体の名前がきちんと書かれていたりしたのが気に入って、何度も借りて読んでいました。中でも『やさしい天体観測』という巻に、私に大きな影響を受けることになりました。

165

図 6-2 小学生の私。
右の写真で横にいるのは妹

　私が卒業した時、図書館に力を入れていた先生が別の小学校へ転任になりました。そのせいでしょうか、数年後に同じ小学校に入った妹に聞いたら、調べ学習用の図書館は授業のときにしか入ってはいけなくなっていました。もし私の入学が数年遅れていたら、天文学への関心を持っていなかったかもしれません。

(4) 理科の授業で経験した、2つの不思議なこと

　小学生だった時に、記憶に残ることが2つありました。1つめは3年生の理科の授業で起こりました。
　教室のロッカーの上に野菜を入れた飼育ケースを並べて、アオムシを育てていました。すると最初のうちは、どのケースのアオムシもすくすくと育っていたのですが、そのうち次々と異変が起こってきたのです（たぶん、半分くらいの飼育ケースで起こったと思います）。教科書にはアオムシはさなぎになり、やがてチョウチョになると書かれているのに、飼育ケースには見たこともない奇妙なものが現れました。

第6章　星が好きな少年が天文学の研究者になるまで

クラスのみんなはびっくりして、大さわぎになりました。すると理科の先生が、その奇妙なものは寄生バチだと教えてくれました。ハチが知らぬ間にアオムシに卵を生みつけて、卵から孵（かえ）ったハチの幼虫がアオムシの体の中を食べてしまい、やがてさなぎになって、それが羽化してハチが出てきたというわけです。チョウチョが出てくるはずがハチになっていたのですから、小学生がびっくりしたのも当然でしょう。この時の驚きは、私の心に深く刻まれました。

2つめは4年生の時に起こりました。これも理科の授業で、水の沸騰について実験していました。教科書には「水は100℃で沸騰する」と書かれていましたから、私も「そうなるんだろうな」と予想していました。

ビーカーに水を入れてアルコールランプで熱していると、ボコボコと泡が立ってきました。「沸騰してきた」と思って温度計を見ると、赤い線は90℃を超えたあたりをさしていました。そのまま温度計をながめていたのですが、沸騰が続いているのに100℃になりません。配られたプリントに水が沸騰した温度を書く欄があるのですが、どう書けばいいのか困ってしまいました。同じようなクラスメートは他にもいて、何食わぬ顔で「100℃」と書いた子もいれば、「93℃」などと正直に書いた子もいました。

なぜ沸騰しているのに100℃にならなかったのでしょう。2つの理由が考えられます。1つは、恵那市は標高が高いこと（私の卒業した小学校は標高327mです）。標高0mで標準気圧（1013ヘクトパスカル（hPa））だと100℃で沸騰しますが、標高が高いと沸点は低くなり（標高327mだと、低気圧が近づいて980hPaくらいに気圧が下がると沸点は約98℃になります）、100℃以下で水は沸騰します。そしてもう1つの理由（こちらのほうが大事）は、ボコボコしている状態では水がすべて蒸発していないので、水に差し込まれている温度計は100℃にならない、ということです。

167

この２つの出来事を経験するまで、私は本の中に書いてあること
は現実でもそのまま起こると思っていました。ところが実際に実験
や観察をすると、「そうではないことが起きるようだ」ということ
に気づき始めました。小学校３年と４年で、科学に近づくきっかけ
に遭遇したのです。


## 第２節　望遠鏡で星を見るようになったころ

### (1) 父からもらった小さな望遠鏡

　小学校も半分くらい過ぎたころ、父親から望遠鏡をもらいまし
た。父親が子どもの時に両親から買ってもらった望遠鏡が家にある
と聞いて、頼んで出してもらったのです。それは口径が６cmの屈
折望遠鏡でした。組み立ててみたものの、はじめのうちは望遠鏡の
使い方がよく分からなかったので、手で持って使っていました。空
を見上げても星の入れ方が分かりませんから、地上の風景を見てい
るだけでした。

　その望遠鏡で初めて天体を見てみたのは、小学校５年生でした。
家の２階で望遠鏡を組み立てて、そこにずっと置いていたので、見
ることができるのは窓から見える範囲だけだったのですが、そこか
ら月を望遠鏡で見たのです。表面にたくさんあるクレーターを見る
ことができて、とてもうれしかったのを覚えています。そのうちに
ファインダーを使って星を探し、次に望遠鏡の本体でのぞく、とい
う使い方もだんだん分かってきました。

　自分で望遠鏡を作ったこともあります。祖母からいらなくなった
老眼鏡のレンズをもらって、ラップの芯を何本かつないだ先端にレ
ンズを固定すると小さな望遠鏡になります。芯のつなぎ目を伸びち
ぢみさせれば、ピント合わせもできます。接眼レンズは父からも


168

第6章　星が好きな少年が天文学の研究者になるまで

らった望遠鏡のものを使いました。細長いので手で持ってのぞくと像が大きく揺れてしまい、おまけに色収差がひどいので、実際に星を見るのには使えませんでした。とはいえ手作り望遠鏡のお陰で、望遠鏡の仕組みや色収差がよく分かりました。特に色収差は、本には「色がついてしまう」くらいしか書いていないのに、実際には近くのくすんだ色の建物がカラフルになってしまうくらい目立つものだと分かりました。

　2階の窓だと見える範囲が狭いので、望遠鏡を外へ出すことにしました。普段はあまり使わない物干し場に、天気が悪いときに洗濯物を干す屋根のあるところがありました。そこへ望遠鏡を移動させたのです（図6-3）。

### ⑵ 物干し場で観測した天体

　望遠鏡でのぞくだけでなく、観測することにも興味がわいてきました。そんな時に役に立ったのが『やさしい天体観測』で、この本にはさまざまな天体を観測する方法が書いてありました。その中で私が力を入れたのが変光星の観測でした。変光星とは明るさを変える星のことで、それまでに図鑑などで名前を見たことはありましたが、実際に見たことはありませんでした。

　小惑星に関心を持った時期もありました。小惑星を発見すると自分の名前がつけられる、ということを知ったからです。このころは恐竜にも関心があって、恐竜が絶滅した原因が小惑星の衝突だと分かったころなので、小惑星への興味がいっそうかき立てられました。けれども小惑星はとても暗く、持っている望遠鏡では見えそうにありません。そのうち、小惑星を見つけたとしても、名前をつけるまで何年もかかるということも知りました。何年もかかるのは子どもにとって長すぎるので、だんだん小惑星への関心は失せていきました。

169

小学校5年が終わるころ、『奇妙な42の星たち』(岡崎彰著、誠文堂新光社)という本を買ってもらいました。これは変光星を観測するための本ではなく、変光星を題材にして恒星についての理論的な話を書いていて、今から考えるとかなり難しいものでした。この本には星の変わった現象も書かれていて、それがとても興味をそそる内容だったので、分からないところがあっても、くりかえし読んでいました。

　『やさしい天体観測』には、ほんの少しですが変光星の観測方法も書かれていました。変光星は明るさを変えるので、望遠鏡で観測

大島くんの観測場所は自宅わきのテラス。住宅地でもあり、見晴らしが抜群とはいかないが、目的の星が死角に入るとそのつど望遠鏡を移動させて観測している。

図6-3　物干し場の望遠鏡と私
出典：星ナビ、2001年11月号、44頁
（アストロアーツ）

している時の等級を求めるためには、その変光星より少し暗い星と少し明るい星との間で明るさを比べる必要があります。その本には、中学生が観測した結果も紹介されていました。それを見て、「自分は少し小さいけれど、頑張ればできそうだ」と思いました。

　そこには、ふたご座η星という3〜4等級の間で明るさを変える星が、「比較星（明るさを比べる星）」がすぐそばにあるので観測しやすい」と書かれていました。この星を初めて観測したのが1996年12月23日。小学生を卒業するまで3か月となっていました。

### (3) 変光星を観測するようになる

　ふたご座η星をきっかけに、肉眼でも見える変光星をいくつか観

第6章　星が好きな少年が天文学の研究者になるまで

測し始めました。次の年（1997年）の2月には、くじら座のミラが明るくなるころを迎えました。ミラは初めて発見された変光星で、2等級と10等級の間を約11か月の周期でダイナミックに明るさを変えます。そのため星座の本や図鑑などで、よく取り上げられています。

　ミラを観測する前、いくつかの変光星を見ていました。それらの明るさを計ってみたのですが、それが変わったのがはっきり分かったかというと、ちょっと自信がありませんでした。ですからダイナミックに明るさを変えるミラは、変光を観測するのに格好の対象だったのです。2月のくじら座は夕方の西空に短い時間しか見えないので、観測条件はよくありません。とはいえ小学生には夜中は外に出づらいので、夕方に観測できるのはかえって好都合でした。

　夕方、西の空を探してみました。そのころはまだ星座がほとんど分からなかったので、星座案内を見ながらくじら座を探しました。くじら座が見つかると、そこにひときわ明るく光る星がありました。それがミラでした。

　見つかったのはうれしいのですが、困ってしまいました。なぜかというと、先ほどお話ししたように、変光星の明るさを求める時には「少し暗い星と少し明るい星と比べる」必要があるからです。ところがミラは、まわりにあるくじら座のどの星よりも明るいのです。これでは光度が求められません。仕方がないので少し遠くにある星を使って求めたころ、だいたい2等級でした。

　とはいえ、あまりに明るいので、間違っていないか心配でした。そこで、そのころから読むようになった天文雑誌の編集部に電話をかけて、ミラの明るさを教えてもらいました。「2等くらいのようですね」と聞いて、ほっとしたのを覚えています。

171

## 第3節 変光星に熱中し始めた中学生時代

### (1) 変光星観測者仲間との出会い

中学校に上がると、晴れた日を見計らって明るい変光星を観測するようになりました。ところがそのころ、ほしかったのにどうしても手に入らないものがありました。それは「変光星図」です。

変光星の明るさを求めるためには、その近くの明るさを変えない星で少し明るいものと少し暗いものと比較しますから、変光星周辺の明るさの分かっている星の等級が記入されている星図が必要になります。これが変光星図で、これがないと変光星の等級が導き出せません。

ふたご座 $\eta$ 星を観測した時は変光星図を持っていなかったのですが、幸いにも『やさしい天体観測』に等級が書いてありました。その後に観測した明るい変光星も、同じシリーズの『星座12ヶ月』という本に星座を作る星の等級がまとまって書かれていたり、『天文年鑑』の明るい星の表を参考にしたりしました。ところが双眼鏡や望遠鏡がないと見えない星は、変光星図がどうしても必要となります。

読んでいた天文雑誌の「変光星ガイド」に、変光星のニュースと一緒に変光星図が載っていたので、これをコピーして使いました。とはいえ、」ほしい星図があるとは限らず、そんな時は観測したい変光星があってもできず、悔しい思いをしました。

そのころ、ある天文雑誌に変光星を観測した時のエピソードを投稿しました。新聞や雑誌の投稿欄に自分の文章が載るのがうれしくて、ときどき何か文章を書いては投稿していたのです。小学生や中学生の投稿は珍しかったのか、まあまあの頻度で掲載してもらえました。

第6章　星が好きな少年が天文学の研究者になるまで

　その投書が天文雑誌に載ってからしばらくして、見知らぬ人から手紙が何通か届きました。いずれも変光星を観測しているアマチュアの方からでした。いただいた手紙を読むと、当時の「パソコン通信」で私の投稿が話題になり、連絡をとってみようという話になったようでした（個人情報の管理にきびしい現在では考えられませんが、このころは投稿者の住所を掲載していることが多かったのです）。変光星を観測している人は国内で数十人くらいなので、まわりには観測者仲間がいないのが普通です。だからこそパソコン通信で、変光星を観測する天文ファンのつながりができたのでしょう。

　天文雑誌への投稿と変光星観測者の方々からの手紙をきっかけにして、変光星について知るための本や最近の話題の変光星などを、教えていただくようになりました。ある時、「明るくて有名な変光星を観測したいけれど、変光星図がないのでできない」と手紙に書いたところ、大きな封筒が送られてきました。何が入っているのかと思って封を開くと、そこには『はじめての変光星観測』という薄い本が入っていました。

### (2)『はじめての変光星観測』

　『はじめての変光星観測』（図6-4）は、日本の変光星観測者の団体が少部数だけ作成したもので、書店には置いてありません。変光星を始めようとする人のために観測の手法について書かれた手引書で、その付録には私がほしくてたまらなかった変光星図がたくさん収録されていました。

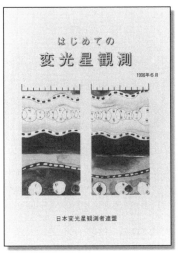

図6-4　中学生の時から使っている『はじめての変光星観測』

この本には、「矮新星(わいしんせい)」といわれる変光星も載っていました。矮新星はふだんは暗くて、時々明るくなる天体です。観測してみたいと思ったのですが、よほど明るい矮新星でないとそのころ持っていた望遠鏡では見えません。本をながめていたら、「はくちょう座SS」という天体が目に入りました（図6-5）。この星は数十日に1回、12等級から8等級くらいまで明るくなります。これなら見えそうだと、中1の夏の終わりに観測し始めました。この星は明るい星が作る特徴的な三角形の中にあって、明るくなればすぐ分かります。

　ところが天気が悪かったり時間が取れなかったりで、見えない日が何日か続きました。ある日、望遠鏡を向けて見ると、いつもは何もないところに星が「ピカッ」と光っているのが目に入りました。当時通っていた中学校では、毎日担任の先生に一日の出来事を短く書いて提出する決まりがあったのですが、いつも書くことがなくて無理やり文章を考えていました。ところがこの日は、その星に感激してたくさん書いて先生にわたしました。先生はたぶん、なぜそんなに興奮しているのかさっぱり分からなかったでしょう。

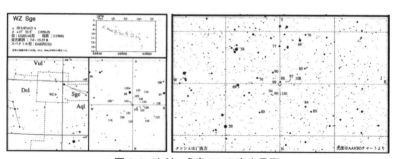

図6-5　はくちょう座SSの変光星図
出典：日本変光星観測者連盟、はじめての変光星観測

　変光星の観測を続けていると、口径がもう少し大きな望遠鏡を使いたくなりました。口径が大きいなら反射望遠鏡ですが、メンテナ

第6章　星が好きな少年が天文学の研究者になるまで

ンスが大変だし当たり外れが結構大きいと知って腰が引けてしまい、口径7.8cmの屈折望遠鏡を買ってもらいました。天体写真も撮っていたので追尾できる赤道儀式を選びましたが、変光星観測に忙しく、こちらはあまり撮らなくなってしまいました。前より一回り大きなレンズになっただけでしたが、観測に慣れてきたこともあって、かなり暗い星まで見られるようになってきました。

　しばらくして、文通していた変光星観測者の方たちが所属している「日本変光星研究会」に入会しました。この会はアマチュアの変光星観測者のグループで、観測のとりまとめや新着の論文の情報の紹介などが載った会報を発行していました。私も観測したデータをこの研究会に送るようになりました。最初のころはこつこつと手書きで、だんだん慣れてくるとフロッピーディスクに入力して送るようになりました。

⑶ ちょっと寄り道 ── 激変星ってどんな星

　変光星の中には、「激変星」という星があります。なにやら激しそうな名前ですが、激変星を作っている天体は一見おとなしそうで、温度の低い普通の星（主系列星）と高温の白色矮星（第3章第3節⑷参照）からなる連星です（図6-6）。

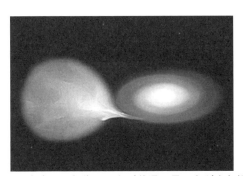

図6-6　激変星の想像図。左が普通の星、右が白色矮星
出典：http://www.nasa.gov/images/content/62486main_Making_a_Nova.jpg NASA/CXC/M.Weiss

175

この２つの星はくっつくほどの近距離でお互いのまわりを回っているので、温度の低い星の外側の層は白色矮星に向かってガスとして流れ込んでいます。このガスは最終的には白色矮星の表面に降り積もるのですが、すぐに表面に到達するのではなく、円盤のように白色矮星を取り巻いて回転していて、これを降着円盤といいます。そして、降着円盤からガスが降り積もっていく過程で、さまざまな活動現象が起こるのです。中でも最も極端なのは、降り積もった物質の質量が支えきれなくなった白色矮星で起こる大爆発で、これは超新星の一種として知られています。この現象はまさに「激変」といえるでしょう。

　超新星が起こると天体全体が吹き飛んでしまうのですが、そこまで激しくなく、大爆発が繰り返し起こる現象も知られています。その一つが矮新星アウトバーストです。これは白色矮星の周囲にできた降着円盤が時々明るくなる現象で、例えてみれば、和風庭園にある「ししおどし」の動きを思い出していただければいいと思います（詳しい仕組みは難しいので、ここでは割愛します）。矮新星は図6-7のように、ときどき明るくなっては暗くなるのを繰り返します。その間隔は天体によって違いますが、典型的なものは数十日から数百日くらいです。

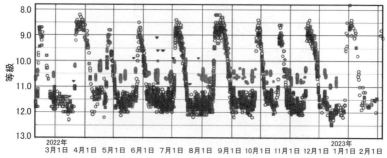

図6-7　アメリカの変光星団体（AAVSO）による矮新星はくちょう座SSの光度曲線

第6章　星が好きな少年が天文学の研究者になるまで

## 第4節　高校から大学、大学院 ──天文学にどんどん接近

### (1) 見慣れた星座に、見慣れない星が光っている

　変光星の観測に熱中しているうちに、中学3年の冬を迎えました。受験勉強は変光星観測ほどやっていなかったのですが、高校入試が近づいてきた年明けには観測はやめました。春に地元の高校に合格が決まると、さっそく変光星観測を再開しました。

　高校に入ると中学時代よりもさらに、激変星や変わった星の観測に熱中するようになりました。このような星は可能ならば毎日でも観測したいので、晴れた日はほとんど家の庭で望遠鏡をのぞいていました。

　高校2年になっても変光星観測は続けていて、その年の夏がやってきました。相変わらず晴れた日はほぼ毎日、望遠鏡を変光星に向けていましたが、なんとなくマンネリになっているような感じもし始めていました。というのは、矮新星は見えない期間のほうが多いので、その観測は一つひとつが「見えない」ことを延々と確認するのが日常です。変光星は好きなのですが、そのような日々が続いていると「代り映えしないなぁ」という気持ちになってくるのです。梅雨は観測を休む日が多いのですが、7月も下旬になると梅雨が明けて観測の毎日が再開します。ある日の夕方は天気が悪くて歌番組を見ていたのですが、だんだん天気が回復してきたので観測しに外へ出ました。

　西の星座から順にいつも観測している星を見ていき、「や座」へ望遠鏡を向けました。や座は、七夕の彦星がある「わし座」のそばにある小さな星座で、変光星が数多くあります。その中には矮新星もあり、私が「見られるときは見ておきたい」と思っていた「や座WZ」もその一つです。

177

ところでこの矮新星ですが、ときどき明るくなってまた暗くなるのを繰り返して、その間隔は天体によって違うと先ほどお話ししました。その間隔は星によって違っていて、長いものだと数年に1度しか明るくなりません。このようにめったに明るくならない矮新星は、発見されにくいし性質もよく分かっていないものが少なくありません。

　や座 WZ はそのような矮新星の中でも、めったに明るくならないことで知られていました。明るくなる（アウトバーストする）のは、33年に1回くらいともいわれていました。明るくなる頻度はこれほど少ないのですが、この星はアウトバーストするととても明るくなり、8等級まで増光します。暗いときは15等級なので、私の小さな望遠鏡ではとうてい見えませんが、8等級まで明るくなれば楽に見ることができます。このようなや座 WZ に、望遠鏡を向けられるときはできるだけ向けるようにしていました。

　その日も、まだ増光しているとは思っていませんでした。最後に明るくなったのは1977年なので、それから33年になるには10年ほど待つ必要があったからです。ところがや座に望遠鏡を向けると、奇妙なことに気がつきました。星の並び方がいつもと違うのです。いつも見ていた星の中に、見慣れない星が混じっているのです。そしてその星は、変光星図でや座 WZ が書かれた位置に光っていました。

### ⑵ 変光星の増光を世界で最初に発見していた

　「や座 WZ の増光かもしれない」と思いながら、私は「さて、どうしようか」とも考えていました。なぜかというと中学校の時、普通の変光星を「めったに明るくならない変光星」だと勘違いしたことがあったからです。その日も、同じ間違いをしているかもしれないと不安になりました。とはいえ、中学生の時に間違えた普通の変

第6章　星が好きな少年が天文学の研究者になるまで

光星とは違って、や座 WZ は正真正銘のめったに明るくならない矮新星です。そう考えた私は、激変星を観測し慣れた方に電話をかけて、不在だったので留守電に用件を録音しました。

ちょうど夏休みだったので、次の日は恵那市立図書館に出かけました。そこにはインターネット体験コーナーがあったからです。そのころ、日本変光星観測者連盟のメーリングリストが毎日、変光星についての情報を発信していました。私もこのリストに登録していたので、ログインして変光星のメーリングリストを確認しました。すると、「WZ Sge（Sge はや座のこと）」というタイトルのメールがたくさん届いていました。「や座 WZ の増光ではないか」と思ったのは、どうやら間違いではなかったようです。

メールを一つひとつ読んでいるうちに、どうやら私が世界で最初の発見者であるらしいことに気づきました。私より先に誰かが発見しているのだと思っていたので、それに気づいたときは、もちろんうれしかったのですが、「すごいものを見つけてしまったなあ」と思っただけでした。

ところがしばらくして、自宅に電話がかかってきました。恵那市のあたりでは読者数が最も多い新聞社からで、「取材したい」というのです。びっくりして親に相談してみたところ、「地方欄の穴埋め記事だろうし、せっかくだから受けておけば」といわれ、取材を受けることにしました。

取材から数日後、文化祭の準備のために高校に行くと、クラスメートの U 君が「お前、新聞に出とったよ」と声をかけてきました。新聞の夕刊で大きなスペースを割いて、私がや座 WZ の増光を世界で最初に発見したという記事が載っていた、というのです。私はその記事を知りませんでした。なぜなら、わが家では朝刊しか取っていなかったからです（図 6-8）。

179

図 6-8 や座 WZ の増光を世界で最初に発見したことを伝える新聞記事（左）と天文雑誌の写真（右）
出典：中日新聞（夕刊）、2001年8月16日（左）、月刊天文、2002年4月号、7頁（地人書館）（右）

　これを皮切りに、他の新聞社からも取材を受けました。また、その年の県民栄誉賞と「シチズン・オブ・ザ・イヤー」（時計のシチズン社の表彰）をいただきました。その年の冬には日本天文学会から、や座 WZ の発見で表彰されるという連絡も届きました。その表彰式の後の懇親会では、メーリングリストでお世話になっていた京都大学の加藤太一助手（当時）にお会いしました。

(3) 進路を決める――矮新星の研究をしたい

　高校では理数科に在籍していたため、普通科より理科や数学の授業が多かったのですが、地学の授業だけは行われていませんでした。そのため高校の授業で天文学を学ぶことはありませんでした。

　進路選択を考える時期になり、理学部に進んでみたいと考えるようになりました。どこの大学に行くかはまだ決めかねていましたが、中学校のころに母親に「あんたは京大が向いているんじゃない」といわれたことが、なんとなく頭の隅に引っかかっていました。それを思い出して、なんとなく京都大学を志望校にしたりしていたのですが、や座 WZ の矮新星の増光をみつけたことをきっか

けに、矮新星の研究をしている京大を本格的にめざそうと考えるようになりました。幸いなことに頑張れば届きそうな判定でした。

　入試では、とても心配していた数学の問題がけっこう解けたので、受かるのではないかという手ごたえを感じました。合格発表の日、京都まで親の車で見に行って（合格電報の手続きを忘れてしまったのです）、受験番号があるのを見て「やった」と思わず口にしたのを覚えています。

　こうして2003年4月、念願の京都大学理学部に進学しました。

## ⑷ 理学部で学び、大学院への進学を決意

　大学に入ってからも相変わらず、夜中に下宿で変光星を観測していました。生活費のために学習塾でアルバイトを始めて、高校生に数学や化学を教えたりもするようになりました。自分では分かり切っているつもりのこともいざ教えるとなるとあやふやなことに気づき、もう一度図書館で調べなおしたりもしました。

　また大学の天文サークルにも入りました。そのサークルは文化祭にプラネタリウムを出展していて、そこで変光星の話にスポットを当てた星空解説をしたこともありました。サークル合宿で西はりま天文台を訪れたこともありました。

　もちろん大学の講義にも出ていました。けれども、高校とは学び方が大きく変わったこともあって、いまひとつ理解できないことも増えてきました。

　京都大学理学部では3回生（関西の大学では「年生」の代わりに「回生」といいます）のときに研究分野が分かれます。これが最初の関門で、ここで希望通りのコースに配属されない人も少なくありません。

　私が所属したかった宇宙物理のコースは理学部の中でも定員が少なく11人しか進めないため、配属されるかどうか心配でした。幸

いにもこの年は、定員と希望者がほぼ同じくらいだったこともあり、無事に宇宙物理を学ぶコースに所属することができました。

　理系の学部の場合、研究をやりたい場合は大学院に進学することになるので、私も大学を卒業したら大学院に進学しようと考えるようになりました。4回生になるといよいよ卒業研究が始まります。前期は主に英語の教科書の輪読（持ち回りで読むこと）をして、研究に取り組むのは後期になってからでした。

　慣れない英文と格闘しているうちに、大学院の入試（院試）が近づいてきました。同級生と自主ゼミを開いて過去問を解いたり、基礎的な科目の教科書を読みかえしたりしながら、入試の日を迎えました。結果は残念ながら、第3志望の研究室には合格したのですが、第1志望の宇宙物理学は不合格でした。

　他の同級生の多くは他の大学の大学院を併願していましたが、私は併願していませんでした。もちろん就職活動もしていません。どうしようかと悩みました。研究分野を変えるか、それとも来年に院試を受けなおすか。受けなおすなら留年することになりますし、研究分野を変えるというのも悪くないのでは、と思ったりもしました。悩んだ末、1年留年して大学院を受けなおすことにしました。

　このように決めてからは、次の年の春からはあらためて院試の過去問を解いたり問題集に取り組んだりし始めました。卒業研究はすでに4回生で終わっていましたから、入試に向けた勉強に集中しました。4回生の時と違ってまわりに分からないところを聞ける同級生もいませんから、こつこつと進めていきました。

　今度は別の大学の大学院も併願して、ふたたび京都大学の院試の日を迎えました。今度は宇宙物理学研究室に合格することができ、晴れて進学が決まりました（併願していた別の大学も合格し、そちらは残念ながら辞退しました）。

第6章　星が好きな少年が天文学の研究者になるまで

## ⑤ 大学院での研究から西はりま天文台への就職へ

京都大学大学院理学研究科の宇宙物理学研究室には、2008年4月に進学しました。この研究室がある建物の屋上にはドームがあり、その中には口径40cmの望遠鏡が設置されていました。世界の大型望遠鏡に比べれば小さいのですが、研究室と直結しているためかなり自由に観測する時間をとることができました。ちなみに激変星は先ほどお話ししたように、突発的に明るさを変える天体です。ところが大望遠鏡は、通常は割り当て時間が決まっています。望遠鏡を向ける天体もあらかじめ決めたものになり、急に増光してもその時にすぐ使うというのは難しいのです。それに対して40cm望遠鏡は、毎日明るくなっている激変星を自由に探して、すぐ観測することができました。

高校生の時からのご縁もあって、この研究室には学部生のころから出入りしていました。ところが私が大学院に進学して本格的に観測するころには、学部生の時に在籍していた大学院生が全員修了して、博士課程にいる院生もいなくなってしまいました。修士課程にいた先輩も就職を控えていたので、屋上望遠鏡での観測やデータ処理などは、すべて私がやることになりました。相談できる人もほとんどいなくて、大変苦労しました。

観測をするのは夜ですから、生活はとても不規則でした。雨や曇りの夜は観測できないのですが、晴れとそうでない日で起床時刻を変えると生活がもっと不規則になります。そう考えて、観測できない日も遅くまで大学にいることにして、ほぼ昼夜逆転の日が続きました。日本が全国的に雨の日でも、世界のどこかでは晴れているので、その日に観測してほしい激変星についての情報を発信するのも研究のうちです。雨だからといって何もしないわけにもいきません。

183

私が研究した激変星は、光度変化を長い期間にわたって観測していると突発的な変動がしばしば見られ、明るくなっている期間の中でも光度が周期的に変動するものもあります。こうした変動はとても速く起こり、数十分で光度が変わることもあります。そのため観測は集中的に行う必要があり、その日のターゲットにした星は数時間にわたって観測し続けることになります。このような観測をしている中で、研究テーマとしてさらに詳しく調べたいと思う天体も出てきました。

　修士論文には、激変星を観測して作成した光度曲線を元にして、どのような連星がどのような軌道を持っていて、どのようにして質量降着が起こっているとそのような光度の変化が起こるのか（専門的な表現をすると「どのような系の構造を持っていればいいのか」）を計算した結果を書きました。

　修士課程を終えると、同じ研究室の博士課程に進学しました。進学して1年くらいたったころ、「おおぐま座ER」という矮新星が話題になりました。この天体は有名な天体でしたが、それまで知られていた変動に加えて、「ネガティブスーパーハンプ」という現象が見つかったからです。この現象は、矮新星が増光している時に見られる変動で、連星がお互いのまわりを回る周期よりも、数％ほど短い周期で光度が変化します。私はこの現象で見られる光度変化が、どのような時間で起こるかをくわしく調べることにしました。

　なぜそんなことを調べるのか、ちょっとだけご説明します。矮新星のアウトバーストがなぜ起こるかについてはいくつかの説があり、私が大学院に入ったころは一つの説が主流となっていました。その説は、白色矮星を取り巻いて回転しているガスの降着円盤が、増光している時は変化しているというものでした（降着円盤は本章第3節(3)をご覧ください）。降着円盤が変化している様子を観測できれば、この説が正しいと証明できます。ところが矮新星は非常にコ

第6章　星が好きな少年が天文学の研究者になるまで

ンパクトな天体なので、その姿を直接観測することはできません。

　私は屋上の60cm望遠鏡で、おおぐま座ERの光度変化を観測し続けました。そしてある日、その周期変化をまとめたグラフをじっくり調べていると、あることに気がつきました。おおぐま座ERは明るさが変化する時に、変光の周期も大きく変動していたのです。

　ところで「ネガティブスーパーハンプ」の周期の長さは、円盤の半径によって決まります。ということは、おおぐま座ERの光度が変動する周期が変化したのは、降着円盤の半径が変化したということを意味します。すなわち、光度変化をくわしく観測することによって、降着円盤が変化している様子を観測することができたのです。そしてその変化は、理論的に予想されていたものによく合っていました。

　この結果をまとめた論文が博士論文となりました。博士課程の途中で論文がなかなか進まない時期もあったので、通常の3年より1年余計にかかってしまいましたが、晴れて理学博士号を取得することができました。

　博士号を取得した後は、研究者になる人もいれば一般企業に就職する人もいます。私はそのまま大学に残りました。海外の研究室に行ったらどうかという話があって、それまでの半年間は大学の職員として在籍することにしたからです。ところがその話はなくなってしまい、しばらく無給の研修員として在籍して次の職を探すことにしました（生計は家庭教師のアルバイトなどで立てていました）。

　無給で研究を続けている中で、西はりま天文台で職員を公募しているのを知りました。応募したところ幸いなことに採用され、研究者としての赴任先がやっと決まりました。晴れて西はりま天文台の研究員として就職が決まったのは、2015年の春のことでした。

　このようにして私は、第1章から第5章でお話ししたことを、西はりま天文台で行うようになったのです。

185

# 第7章

# 西はりま天文台へ
# 行ってみたくなったら

　第1章から第6章まで、西はりま天文台と星についていろいろな話をしてきました。ここまで読んでくださって、「西はりま天文台で星を見てみたい」と思った方がいらっしゃるかもしれません。そうだとしたら、筆者としてとても嬉しいことです。

　最終章では、「どうすれば西はりま天文台で星を見ることができるか」などについてご紹介します。

## 第1節　西はりま天文台へのご案内

### ⑴ 天文台への行き方

　西はりま天文台は兵庫県の西の端にあります。最寄りの駅は、佐用町の中心にある JR 姫新線・智頭急行の佐用駅で、天文台はここから約7キロメートル（km）のところにあります。佐用駅前には星座のタイルが埋め込まれていて、天文台がある町の雰囲気をただよわせています（図7-1）。

　佐用駅は姫路駅から姫新線で1時間あまり、上郡駅から智頭急行で20分くらいです。大阪から特急「スーパーはくと」に乗れば、乗り換えなしの1時間半くらいで佐用に着きます。佐用駅から天文台までは残念ながら公共交通機関がありませんので、タクシーを利

用してください。佐用町は小さな町なので、タクシーの台数が多くありません。電車でいらっしゃる場合、タクシーを予約したほうがいいかもしれません。

図 7-1　JR 佐用駅前の様子。智頭急行線のホームも同じ構内にあります。

　自家用車の場合、中国自動車道からは「佐用 IC」が最寄りで、天文台はここから約 8km です。冬は雪にご注意ください。通行不能になることはほとんどありませんが、スタッドレスタイヤなどの装備を忘れないようにしてください。ふもとは雨でも、山の上は雪ということもあります。なお、歩いたり自転車に乗ったりしていらっしゃる方もいますが、天文台は小高い山の上にあり、かなり体力を使うので観望会に参加する方にはお勧めできません。
　天文台がある大撫山に登る山道は 2 本あり、その入り口の一つは佐用町の市街地に近いところ、もう一つは旧上月町（2005 年に旧佐用町と合併）にあります（図 7-2）どちらの道もヘアピンカーブが多く、カーブミラーがないところもありますので、対向車にはご注意ください。中国自動車道の佐用 IC からだと、佐用町の市街地から登るほうが近いと思います。
　佐用町のあちこちに、西はりま天文台の案内表示があります（図 7-3）。これも見ながら、天文台をめざしてください。
　山道を登っていくと、やがて巨大なパラボラアンテナが見えてきます（口絵 7-1）。ここが天文台の入り口です。ここから数百メー

トル（m）で、天文台の駐車場ゲートへとたどりつきます。駐車場はかなりの広さがありますが、大きなイベントでたくさんのお客さんが来られるときには通常の駐車場だけでは収容しきれなくなるため、臨時駐車場が設置されます。

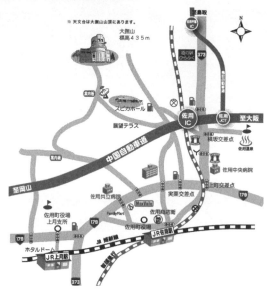

図 7-2　西はりま天文台へのアクセスマップ
出典：http://www.nhao.jp/public/accessmap/index.html

図 7-3　西はりま天文台の案内表示

駐車場から天文台の建物がある丘を見上げると、白い建物と茶色い建物が並んでいて、それぞれに円柱型と半球状のドームがあるのが分かります（口絵7-2）。白い建物のドームには口径2mのなゆた望遠鏡、茶色い建物のドームには60センチメートル（cm）望遠鏡が入っています。2つの建物はほぼ南北に並んでいるので、茶色い建物を「北館」、白い建物を「南館」といいます。館内放送では、「茶色い建物」といったふうに建物の色で呼ばれることもあります。

## (2) 西はりま天文台にはいつ行けるのか

西はりま天文台は、休園日以外の昼はいつも開いていて、自由に出入りすることができます。予約も必要ありません。

天文台の開館時間は、午前9時から午後9時までです。午後6時を過ぎると、なゆた望遠鏡のある南館は1階ロビー以外の立ち入りができなくなり、観望会の準備が行われます。観望会は午後7時30分に始まります。売店がある北館は、午後5時に閉まりますのでご注意ください。午後9時に観望会が終わると、防犯のため駐車場入り口のチェーンが閉まり、車で外へ出ることができなくなってしまいます。

月に2回、第2・4月曜日（月曜が祝日の場合、後ろにずれることもあります）は休園日です。この日は建物が閉まっていて、宿泊などもできません。年末年始と7月、10月にも休園期間があります。

北館にも南館には、望遠鏡以外にもさまざまな展示があります。これらについては予約など必要なく、自由にご覧いただけます。

南館の玄関を入ると、広いロビーにさまざまな展示が並んでいます（図7-4）。なゆた望遠鏡の観測装置の仕組みについて解説したコーナー、今の太陽の様子をリアルタイムで表示するコーナー、日本の星名でつくった星座早見盤のコーナーなどがあります。

なゆた望遠鏡も、外観だけならば昼も自由に見ていただけます。

この望遠鏡は南館の最上階にあり、途中の階段にはさまざまな天体の写真や、西はりま天文台に在籍する学生や研究員の研究成果のポスターなどが貼ってあります。

北館には売店のほか、天文に関する本や雑誌を自由にご覧いただける「リファレンスルーム」や、昔の観測機器の歴史をたどった展示などがあります。北館には事務室もあり、宿泊の予約などで分からないことがある時や、建物の中で忘れ物や落し物をした時はこちらにご相談ください（南館にいる研究員はこのようなことが苦手な人も多いのです）。北館の屋上にある60cm望遠鏡も、開館中は自由にその姿をながめていただけます。

図7-4 南館ロビーを入ったところの様子。左手のドアが観望会の集合場所であるスタディルーム、右側が展示のあるロビーです

## 第2節　西はりま天文台での天文観測へのお誘い

### (1) 西はりま天文台で使うことができる望遠鏡

建物の中のことをお話してきましたが、やはり天文台ですから「望遠鏡はいつどうやって使えるのか」が気になると思います。先

第7章　西はりま天文台へ行ってみたくなったら

にお話ししたように西はりま天文台には、北館の 60cm 反射望遠鏡
（口絵 7-3）と南館の 2 m 反射望遠鏡「なゆた」（口絵 7-4）の 2 つの
大望遠鏡があります。

### ① 60cm 望遠鏡

　北館の屋上ドームの 60cm 反射望遠鏡は、西はりま天文台が公園
として作られた 1991 年から主役だった望遠鏡です（口絵 7-3）。な
ゆた望遠鏡ができるまでは夜の観望会でも活躍していて、今は主に
昼の観望会や高校生などの観測実習で使われています。なゆた望遠
鏡が落雷で故障して使えない時などは、60cm 望遠鏡が夜の観望会
でも使われることがあります（天文台関係者にとって、遭遇したくな
いケースです）。

### ② なゆた望遠鏡

　南館のドームに入っている 2 m 反射望遠鏡で、日本で 2 番目に
大きな口径を持っています（口絵 7-4）（詳しくは第 2 章をご覧くださ
い）。

### ③ 小型望遠鏡

　観望会で主に使われるのは上の 2 台ですが、天文台の施設で宿泊
される方に使っていただける望遠鏡もあります。一つは自由に持ち
運びができる小型望遠鏡、もう一つは日決めで貸し出ししている望
遠鏡で、小型ドーム「サテライトドーム」の中に設置されていま
す。

　貸し出し用の小型望遠鏡は、架台や三脚と合わせても大人一人で
抱えられる大きさです。口径 7.7cm の屈折望遠鏡で、ファインダー
や倍率を変えるための機構などがコンパクトに配置されています
（図 7-5）。

191

図 7-5　貸し出し用の小型望遠鏡

　この望遠鏡は、貸し出し希望日の初日に講習を受けてから、使っていただいています。講習の予約は必要ありませんが時間が決まっていますので、その時間になったら北館のほうへいらしてください。講習を受けると「講習修了証」が交付され、次回からは講習なしで借りることができます。
　小さい望遠鏡ですが、月や惑星、明るい二重星などははっきり見ることができます。なゆた望遠鏡だと全体を見ることができない大きな天体も、全体像を視野に入れることができます。

### ④ サテライトドーム

　西はりま天文台には、多くの人が一度に入れるドームのほかに、少人数だけが入れる小さなドームもあります。これらのドームは、ちょうど惑星に対する衛星のように天文台の建物の回りにおかれているため「サテライトドーム」といいます（図7-6）。
　このドームはA〜Dの4つがあります。これらは使用にあたっての講習は行っておらず、説明書を見ながら自由に使っていただけます。ですから、自宅に望遠鏡があり操作したことがあるなど、使

い慣れた方が対象になります（宿泊予約の際に送付する書類に、このドームを使う際に必要な技能などが書かれています）。

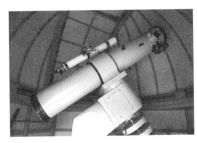

図7-6　なゆた望遠鏡とその周りに並ぶサテライトドームの様子（左上）、26cm反射望遠鏡（右上）、アストロカメラ（左下）、30cm反射望遠鏡（右下）

　それぞれのドームに設置されている望遠鏡は、26cm反射望遠鏡（ドームA）、18cmアストロカメラ（ドームB）、30cm反射望遠鏡（ドームC、D）です。
　AとBは架台が赤道儀なので、アダプターを利用して天体写真を撮影することもできます。特にBはイプシロン望遠鏡という、天体写真に特化した光学設計のアストロカメラが設置されており、視野が広めなので大きな銀河や星雲などを撮るのに適しています。逆にAは視野が小さめで、惑星などの撮影や観望に適しています。CとDはファミリードームという愛称があります。ドブソニアン式（観望に特化した大型望遠鏡を搭載した簡易経緯台）望遠鏡なので、天体撮影には向きません。その代わり口径は大きめなので、暗い星

雲や星団などを見るのに適しています。ちなみにAとBは有料ですが、CとDは料金がかかりません（A、Bには障碍者割引もあります）。

### ⑤ そのほか小型望遠鏡

①〜④のほか、観望会の時に使われる小型望遠鏡もあります。夜の観望会で補助的に使ったり、昼に太陽をご覧になっていただいたりします。

「のぞく」ための望遠鏡ではなくて、晴れた日の昼に太陽をずっと追いかけて表面の様子を撮影している望遠鏡が、天文台のある丘の中腹の小屋にあります（図7-7）。ここで撮影された像は北館・南館のロビーにあるモニターに映し出され、太陽の様子がリアルタイムで分かるようになっています。大きな黒点が現れている日もありますので、ぜひご覧になってください。

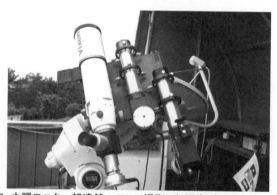

図7-7 太陽モニター望遠鏡。ここで撮影した画像が配信されています

### (2) 観望会にはこんなふうに参加します

西はりま天文台で開催している観望会は、昼と夜のものがありま

第7章　西はりま天文台へ行ってみたくなったら

す。それぞれの観望会への、参加の仕方についてご説明します。

### ① 昼の観望会は午後1時30分からと午後3時30分から

　昼の観望会は土日、祝日と大型イベントの時に開催され、予約はいりません。始まる時刻の前に館内放送がかかりますから、北館の売店のあるフロアに集合していただければ、そこから担当者が誘導いたします。

　昼の観望会で観察していただく天体の一つは、太陽です。太陽の光はとても強いので、望遠鏡で光を集めるとたいへんに危険です。ガリレオ・ガリレイは自作の望遠鏡で太陽の観察を続けたところ、晩年には目が見えなくなってしまいました。当時のガラスは、品質が最も高くても牛乳瓶くらいだったので晩年まで観察できたのですが、現在の望遠鏡では太陽を一回見ただけで失明しかねません。そのため太陽を見る時は特別なフィルターを使って、光を弱める必要があります。

　太陽望遠鏡にはこのようなフィルターが組み込まれていて、昼の観望会ではこれを使って観望します（モニターで監視している太陽望遠鏡も同様にして光を弱めています）。太陽の表面に黒点が見えたり、時には太陽の縁にフレアが吹き上がるのが見えたりすることもあります。最初にこの望遠鏡を見た時は、小さいことにがっかりするかもしれませんが、明るすぎる太陽を見るにはこんな小さい望遠鏡で十分なのです。

　昼の観望会では、60cm望遠鏡で「昼の星」も見ていただきます。昼には太陽と月以外の星は肉眼では見えませんが、これは太陽の光のせいで背景の空が明るくなっているからです。第1章で、望遠鏡は光を集める道具であって、倍率をかけて大きくするのはパンにジャムを塗るように薄く引き伸ばすことだとお話しました。これを逆手にとると、青空の明るさは望遠鏡で倍率をかけることによって

195

相対的に暗くなり、星や惑星が昼でも見ることができるようになります。といっても明るい星でないとだめですが、1等星や明るい惑星ならば昼でも見ることができます。

　特に金星は、白くキラキラと輝いて見やすい天体です。夜には金星の次にギラギラと光を放っている木星は、昼に見るととても淡く、縞模様もぼんやりとしか見えないのでまるでクラゲのようです。太陽から遠い木星は巨大なために明るく見えるだけで、同じ面積で光の量を比べると金星よりはるかに少ないので、昼の見え方が二つの星で大きく違うのです。

　昼の観望会ではこの二つの望遠鏡を順番に見ていただきますが、天候にめぐまれないことも少なくありません。その場合は、60cm望遠鏡の解説をします。


## ② 夜の観望会は午後7時30分から

　西はりま天文台の主役ともいえるなゆた望遠鏡を使った観望会は、毎晩、午後7時30分に始まります。平日は宿泊施設にお泊りの方だけ参加でき、土曜・祝日は日帰りでも参加できますが、いずれも予約が必要です。日曜や大型イベントの時は、どなたでも参加できます。

　土曜・祝日の日帰りでの予約は、1週間前から電話で受け付けています。予約は上限が決まっているため、夏休みなどの繁忙期に直前のお電話を頂いた場合、参加をお受けできない場合があります。観光旅行として遠方から参加したい場合、早めのご予約をお勧めします。

　日曜日は予約が要りませんし、参加者の上限もありませんので、開始時刻直前に飛び込み参加も可能です。ただし、繁忙期にはとても多くの方がいらっしゃって、夏休みの日曜だと200人くらいになったこともあります。これほど多い人数だと、見ることのできる

第7章　西はりま天文台へ行ってみたくなったら

天体の数も少なくなってしまいます（参加者がどれくらいになるかはその日でないと分からないため、もしそうなったらご勘弁ください）。

　天文台にとってどうにもならないこととして、天候の問題があります。山の上の天文台は天候が急に変わりやすいので、観望会の最中に天候がどうなるかはその時にならないと分かりません。風が強いとか、雷が近くに発生している時は、星が見えているのに望遠鏡を動かせないこともあります（設備の故障や不具合を防ぐためですので、ご理解をお願いします）。

　悪天候の場合は、スタディルームで星空や宇宙についてお話しして、その後になゆた望遠鏡を見学していただきます。


## 第3節　観望会はこんなふうにやっています

### ⑴観望会のおおまかな流れ

　観望会の主役は、何といっても夜の観望会ですので、まずこれについて詳しくお話ししましょう。

　夜の観望会は午後7時30分に始まります。初めにスタディルームで、担当者が注意事項などをお伝えします。天気の状況もふまえて、その日の空の見どころについてお話しすることもあります。これらが終わったら、なゆた望遠鏡があるドーム最上階へと上がっていただきます。順路は参加者がどのくらいの人数かで若干違い、それほど多くない場合はなゆた望遠鏡に沿ってぐるっと回っていただき、（図7-8左）、多い時はいったん外に出ていただくこともあります（図7-8右）。担当者が望遠鏡の制御室とマイクでやりとりを始めたら、いよいよ観望会の始まりです。

　ドームの中では望遠鏡を囲むように並んでいただきます。一つの天体を見終わったらそのまま進んで列の最後尾につき、次の天体を

197

見るまで待っています。観望会が始まった時は電灯がついていますが、最初の天体を見終わったころに消灯します。急に真っ暗になるので戸惑う方も多いのですが、しばらくすると目が暗闇に慣れて見えてきます。

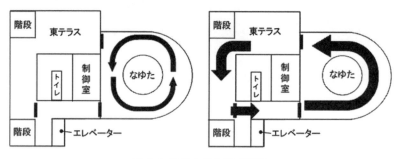

図 7-8 観望会参加者の順路

　電灯が消えてからは、小さいものでもライトは絶対につけないようにしてください。懐中電灯はもちろん、スマートホン（最近は星座アプリも普及しているので）もけっこう明るいので、天体を観測する邪魔になってしまうのです。
　参加人数が多い時（目安としては約 80 人以上）は、ドームの中に一度に全員が入ると混雑してしまいます。そのため天体を一つ見終わったら、ドーム東側のテラスにいったん出ていただき、しばらくしてからドームに戻るという順路になります。1 周するのにかなり時間がかかる場合は、テラスに小型望遠鏡を出して天体を見ていただいたり、研究員や天文指導員（アルバイトとして観望会を手伝う天文ファン）が星座案内をしたりします。

第 7 章　西はりま天文台へ行ってみたくなったら

図 7-9　参加者の人数が多いときに使う小型望遠鏡

---

## コラム
## 望遠鏡ののぞき方

　なゆた望遠鏡の接眼レンズは、片目でのぞきます。どちらの目でもいいのですが、「利き目」のほうが見やすいと思います。眼鏡をかけている場合、そのままでも外しても、どちらでも結構です。ちなみに私は、左目で眼鏡は外して見ます。小さいお子さんで片目をつぶるのが難しい時は、手で片目を隠してください。

　接眼レンズの「のぞき口」は高さが変えられます。ただ、観望会の最中に頻繁に変えるわけにもいきませんから、小さいお子さんがいる時は一番低くしています（それでも背が届かない場合のために、小さな踏み台も用意しています）。そんな時は、大人は少ししゃがんで見る姿勢になります。ところが、上のほうから接眼レンズをのぞくと光がまっすぐ目に届かず、天体がうまく見えません。少し面倒ですが、目線を接眼レンズに合わせ

199

てまっすぐ見るようにしてください。

　もう一つ大事なことは、接眼部には決して手で触らないということです。レンズを触ると指紋がついてしまったりして、観望に差支えが出てしまうからです。手をどこかに添えたい時は、接眼部の周りに丸いハンドルがありますので、そこを握っていただくのが良いでしょう。

## (2) 目で見た空は、見え方が写真とはずいぶん違う

　観望会では自分の目で天体を見ていただくのですが、そこでぜひ知っておいてほしいのが、「人間の目で見た空は、見え方が写真とはかなり違う」ということです。なぜかというと、写真で撮影する時には長時間の露出をしたり色合いの調整をしたりするため、肉眼では見えないものが写ったり、色合いが肉眼とはまったく違ったりするのです。

　わかりやすい例が天の川で、インターネットで検索すると天の川の写真がたくさん出てきますが、多分、それは「空を川が流れているように」写っているでしょう。ところが肉眼で見た天の川は、「もやもやとした雲が空にあるなぁ」という雰囲気です。天体を望遠鏡で見た時も同様で、銀河や星雲の写真は「はっきりした姿」に写っていますが、肉眼では「もやもやとした淡い天体」に見えます。

　このように書くと、「写真のほうがいいのか」と思ってしまうかもしれませんが、そんなことはありません。どちらが美しいと感じるかは一人ひとり違うと思います。それに、「写真にはうまく写らないけれども、肉眼だとうまく見える」天体もあるのです。それは惑星と衛星で、衛星がちゃんと写るような条件で写真を撮ろうとすると、惑星は露出オーバーで真っ白になってしまい、模様が分から

第 7 章　西はりま天文台へ行ってみたくなったら

なくなります。ところが肉眼だと、惑星も衛星もちゃんと見ること
ができるのです。これは写真と人間の目では、見え方の特性が違う
ことが原因です。

### ⑶ なゆた望遠鏡よりも、小さい望遠鏡がいいこともある

　なゆた望遠鏡はなんといっても西はりま天文台の"スター"な
ので、「どんな天体の観測でも小さい望遠鏡よりも優れている」と
思ってしまいます。ところがそうではなくて、「小さい望遠鏡のほ
うが、なゆた望遠鏡よりも観測しやすい」こともあるのです。なぜ
かというと、大きな望遠鏡ほど一度に見ることができる範囲（視野）
は狭くなるからです。

　どれくらいの広さが見えるかは望遠鏡によって異なりますが、な
ゆた望遠鏡だと満月の直径の半分もありません。一方、私たちが肉
眼で空を見る場合、見える範囲は180度近くありますし、首を振れ
ばさらに広い範囲が見えます。ところが望遠鏡の場合、私たちのよ
うに簡単に「首を振る」ことはできません。

　こういったことから、有名な天体でもなゆた望遠鏡で見ることは
できなかったり、見ても面白みが欠けたりするものがあります。例
えばアンドロメダ銀河やプレアデス星団（「枕草子」にも登場するす
ばる）がそれにあたり、大きすぎるのでなゆた望遠鏡だとごく一部
分しか視野に入ってこないのです。

　こういった天体を見る時は、貸出用の小型望遠鏡のように口径が
小さい望遠鏡だと倍率が低く、視野が広いために見やすくなりま
す。

### ⑷ 季節によって、お勧めの天体が変わります

　私は一年中、西はりま天文台で観測をしているので、「いろんな
季節に来てほしいなぁ」と思っています。なぜかというと、季節ご

201

とに見ごろになる星座や天体が違っていて、どの季節にも見ていただきたいものがあるからです。とはいえ、年に何回も遠くから来るのは難しいでしょうから、ここでは私の独断でそれぞれの季節の「長所」と「短所」を紹介します。

### ① 系外銀河が見やすい春

　**長所**…観望会の時間だと、冬の星座が空に残っていますので、さまざまな天体を見ることができます。春は系外銀河を見やすい時期でもあり、だんだん暖かくなってくるので外でも過ごしやすいです。

　**短所**…黄砂や春霞などのため、空がぼんやりとしか見えない日が多いです。系外銀河は月が出ている晩にはほとんど見えないため、望遠鏡を向けられる日は多くありません。

### ② 有名な星座が多い夏

　**長所**…夏も夜は涼しくなり、観望会に快適に参加することができます。月のない晩は天の川を見ることができますし、よく耳にする有名な星座も多く見ることができます。

　**短所**…夏は昼が長いので、6〜7月ごろだと観望会の終わりに近いころにならないと真っ暗になりません。雷や夕立などに見舞われるリスクも、夏の短所です。夏休みの週末には参加者が100人以上になることがあり、見ることのできる天体が少なくなりがちです。

### ③ 晴天率が高く、真っ暗な空が楽しめる秋

　**長所**…秋になると、天の川が観望会の時間にちょうど頭上に昇ってきます。昼の長さはどんどん短くなっていきますが、気温はそれほど急には下がっていかないので、外でも過ごしやすい季節です。日の入りが早くなるので、観望会は真っ暗な空を楽しむことができ

ます。晴天率もかなり高い時期です。

　**短所**…秋の夜空には、なゆた望遠鏡で見るのに適した天体があまり多くありません。それから秋の南の空には、星座が大きいのに星がまばらで分かりにくいものが多いです。秋は満月を過ぎても、月の出がなかなか遅くなっていかないので、月明りの影響も遅くまで残ります。

#### ④ 空が澄んだ夜が多く、貸し切りになるかもしれない冬

　**長所**…冬の夜は空が澄んでいることが多く、なゆた望遠鏡で見ることのできる有名な天体も多いです。宿泊される方が比較的少ないので、貸し切りのような状態でたくさんの天体を見ることができるかもしれません。

　**短所**…冬は何といっても寒いのが問題で、ドームの中でも氷点下になることがあります。そのため、観望会の途中でギブアップしてしまう方もいます。風が強い日は星の像が揺らいでしまい、二重星などが分かりにくいこともあります。また積雪のため、「晴れているが観望できない」という日もあります。

　惑星は年によって見える季節が異なるので、どの季節が見ごろになるのかを天文雑誌などで調べていただくとよいでしょう。西はりま天文台のホームページにも、惑星の見ごろについてニュースが出ることがあります。

### 第4節　大型イベントや学びの場も　　　　── 西はりま天文台には楽しみがいっぱい

#### ⑴ 大型イベントではいつもと違う天文台に

　大型イベントは一年に3回ほど、いずれも大型の休みに近い時期

に開催されて、数百人から数千人が参加します。いつもの休日に行われる太陽や星の観察会や天文工作に加えて、講演会などがあったり佐用町内の店が出店したりします。2023年からはキッチンカーも出ています。

　それぞれの大型イベントについてご紹介しましょう。


### ① アクアナイト（2024年は「五月夜の星まつり」で開催）

　ゴールデンウィーク中の5月4日に開催されます。「アクア」という名はみずがめ座（Aquarius）に由来するのですが、ちょうどこのころ、みずがめ座流星群が極大になります。とはいえ、この流星群は日本ではあまり多くの流星が見えず、知名度も高くないので、2024年に「五月夜の星まつり」という名に変更されました。


### ② 西はりま天文台最大のイベント・スターダスト

　スターダストは西はりま天文台最大のイベントで、夏休み中の8月12日に開催されます（第4章もご覧ください）。このころは、一年で最も多くの流星が見られる流星群の一つ、ペルセウス座流星群のピークにあたります。スターダストは星屑のことで、流星のもとになる物質を意味しています。

　このイベントの特徴は、観望会が終わっても天文台は閉鎖せず、夜中まで開放しているということです。流星群を見てもらうためで、晴れた日は夜中になってもあちこちから歓声が聞こえてきます。


### ③ クリスマス前のキャンドルナイト

　キャンドルナイトはクリスマスの前の週末に開催されます。前の二つは流星群と関係していましたが、これはそうではなくて、クリスマスとキャンドルをモチーフにしたイベントです。大型イベント

第7章　西はりま天文台へ行ってみたくなったら

のなかではもっとも寒く、日が短い時期です。夕方になると天文台のあちこちにろうそくが並べられ、暗くなってくると暗闇を照らし始めて幻想的な雰囲気になります（口絵7-5）。

日食や月食などの大きな天文現象がある時は、ミニ観望会が実施されることがあります。2022年11月の皆既月食では、月食観望会が開催されて多くの方が天文台にやってきました。また、週末などに天文講演会などが開催されることもあり、西はりま天文台以外の研究施設で活躍されている方や、ときには当天文台の研究者や大学院生が自分のテーマとしている研究についてお話しします。

こういったイベントについては、天文台で配布しているスケジュール表や、天文台ホームページなどをご覧ください。

### (2) 西はりま天文台で学びたい時は

高校・大学の部活動や授業の一環として、西はりま天文台にいらっしゃる方もたくさんいます。兵庫県内の高校からが多いですが、他県からも少なくなくて、毎年のように天文台にいらっしゃる高校もあります。多くは天文台での実習を希望されて、ふだん開催している観望会とは別メニューで行っています。

その主な内容は下記のものですが、詳しくはホームページの案内などをご覧ください。

**なゆた見学、天文学の講義、昼の星と太陽の観察会、夜間実習（オリジナル観望会など。第4章参照）、観測見学**

天文講義は以下のテーマから選んでいただけます。在籍する研究員の入れ替わりによってテーマが変わることもありますので、詳しくは天文台の申し込みページをご覧ください。

205

星の一生、惑星と生命、元素の起源、活動する星たち、銀河宇宙と巨大ブラックホール、宇宙の歴史、望遠鏡の仕組み、星の明るさと色、太陽系、太陽系外惑星

　60cm 望遠鏡を使って夜間に行う、実習のための独自メニューもあります（詳しくは第4章第3節(2)をご覧ください）。さらに、「天体写真を撮ってみよう」「星団を観測してみよう」「小惑星を観測してみよう」などがありますが、いずれも難易度はやや高めです。なお、天文台の職員は取得したデータの処理には関与しないことになっていますので、データの扱いに慣れた指導者と生徒の皆さんがいる団体（高校の天文部など）が対象となります。

### (3) 西はりま天文台で研究したくなった方へ

　西はりま天文台は、正式には「兵庫県立大学自然・環境科学研究所天文科学センター西はりま天文台」といいます。設立当初は兵庫県立の公園だったのですが、2012 年に兵庫県立大学に移管されました。そのため現在は、西はりま天文台は大学の研究室の一つであり、兵庫県立大学の学生や大学院生が学んでいます。

　したがって、西はりま天文台で天文学を研究するには、まず、理学部物質科学科に入学する必要があります。研究室への配属は3回生で決まりますので、研究の基礎になる物理学や数学をそれまでにしっかり学んでおいてください。大学院生は、兵庫県立大学から進学する人と、外部の大学から進学する人がいます。いずれも大学院の入学試験を受けて、合格する必要があります。詳しいことは、兵庫県立大学のホームページをご覧ください。

　この本を読んだ方が、西はりま天文台の学生や大学院生として学びにいらっしゃることを、心よりお待ちしています。

第 7 章　西はりま天文台へ行ってみたくなったら

# あとがき

　最後まで読んでいただき、ありがとうございます。

　この本では、西はりま天文台という施設となゆた望遠鏡、天文台で働く人々、そして、この天文台でどんな研究が行われているのかを書いたのですが、何となくでも雰囲気が分かっていただけたら嬉しく思います。

　なゆた望遠鏡についていろいろご紹介したのですが、書いたことはこの望遠鏡のごく一部にすぎません。例えば、なゆた望遠鏡で観望できる天体を詳しく書いただけでも、この本がもう一冊書けるくらいの量になると思います。また、なゆた望遠鏡による研究も、今年（2024 年）の春に日本天文学会から賞を受けた観測成果があるのですが、受賞の報がちょうど執筆最中だったこともあり紹介できませんでした。館内の展示も、この本に書いたこと以外にたくさんあります。

　ですから、ここまで読んでくださった皆さんにお願いしたいのは、ぜひ西はりま天文台にいらっしゃってほしいということです。また、日本には西はりま天文台以外にもたくさんの天文台がありますから、そちらにも行っていただけたらと思います。お住いの地域の近くに公開天文台や科学館があったら、ぜひ足を運んでください。そこの望遠鏡の口径がなゆた望遠鏡より小さくても、性能は十分に高いでしょうし、星や宇宙の話が大好きなスタッフがみなさんを待っていると思います。公開天文台について知りたい時は、例えば『全国公開天文台ガイド』（恒星社厚生閣）が参考になると思います。

207

この本では、天文学がめざましい進歩をしていることを書きましたが、同時に、研究のための観測装置も急速に進歩しています。望遠鏡を作るには何億円もかかるので新しいものを作るのはなかなか難しいですが、既存の望遠鏡の性能をさらに生かすための観測装置の作成や、観測をいっそう効率よく行うためのシステムの開発も進んでいます。こうしたことはなゆた望遠鏡でも行われていて、天文台の望遠鏡というのは「作ったらそれで終わり」というわけではないことも、ぜひ知っていただけたらと思います。こういった新たな観測機器を設計開発することにやりがいを見出し、それをライフワークにしている天文学者もいます。これからの西はりま天文台となゆた望遠鏡の発展を、ぜひとも期待していただければと思います。

　本書の最後にあたって、西はりま天文台の名誉台長を務められた、海部宣男さんのお話を少しだけします。

　海部さんは国立天文台の台長を務められ、ハワイにあるすばる望遠鏡や長野県野辺山の電波望遠鏡をはじめ、日本のたくさんの天文台建設に携わった有名な天文学者です。一般向けの天文書もたくさん書かれて、私も子どものころに『あっ！　星がうまれる』（新日本出版社）を読んだり、大学では『望遠鏡』（岩波書店）で観測装置について勉強したりしました。

　その海部さんが 2016 年、西はりま天文台の名誉台長に就任されました。天文台にいつもいるわけではなく、「ゆっくりお話したいなあ」と思っていました。ところがしばらくして、海部さんは重い病気にかかってしまったのです。それにもかかわらず海部さんは、研究員や学生に講義をするために西はりま天文台にやってこられました。闘病生活の中だったのに、最新の研究成果も交えた精力的な講義でした。

　その講義が終わった後、スタッフと学生総出で佐用の町で夕食会

が行われました。実はその場で、海部さんと私が講義の内容に関してちょっとした言い合いになってしまったのです。別の研究員のとりなしで一件落着したのですが、数えるほどしかお話したことがなかった海部さんとそんなことになってしまい、申し訳ない気持ちになりました。そして残念なことに、これが海部さんとの会話の最後となってしまいました。

　2018年の秋、兵庫県立大学が天文学会の会場になり、海部さんが講演をされました。ところが私は、西はりま天文台の一員として学会の運営に走り回っていたため、講演を聴くことができませんでした。そして翌年（2019年）、海部さんは亡くなられました。

　海部さんは天文学の研究をどのように進めたらいいかを考え、その中で学者の社会へのかかわり方についてもしばしば発言をされてきました。例えば2017年の日本天文学会では、天文学者は軍事研究にかかわるべきか否かをテーマにしたシンポジウムがあり、海部さんは反対の立場から熱弁をふるっていました。

　私はこの本を書くにあたって、このような海部さんの天文学者としての生き方を、いつも頭の片隅に置いていました。

　本書には、「科学と社会のかかわり方」といった、宇宙や星空そのもの以外の話はあまり書いてありません。もしかしたら、星や宇宙の最先端の話に関心がある人にとって、このような話はあまり関心がないことかもしれません。私自身も昔、科学とは関係のないアメリカについてのルポルタージュを読んでいて、アポロ計画がただの「夢のあるもの」ではなく、軍拡競争の一環だったことを知って、好奇心に水をさされたような気分になったことがあります。

　天文学ははるか彼方の星を相手にしていて、何らかの産業を生んだり人の命を救ったりする学問ではありませんから、一見、社会との関係が薄いように思われるかもしれません。けれども、天文学は非常にお金のかかる研究分野であり、さまざまな面で社会とのかか

わりを抜きには研究できない側面もあるのです。本棚に並んでいる
海部さんの本を見ながら、こういった考え方を忘れてはいけないと
思っています。

　この本を出していただいた、あけび書房の岡林信一代表に感謝申
し上げます。また、私の拙い文章をていねいにご指導いただいた児
玉一八さんにも感謝申し上げます。あれも書いてみたいこれも書い
てみたいと書き進んで、できあがりが予定より遅れてしまい、大変
なご迷惑をおかけしてしまいました。

　最後になりましたが、本書の執筆をこころよく承諾してくださっ
た伊藤洋一センター長をはじめ、いつもご迷惑をおかけしている西
はりま天文台の皆さまに深く感謝いたします。

大島誠人（おおしま　ともひと）

1984 年岐阜県恵那市生まれ。2008 年京都大学理学部理学科卒業、2014 年京都大学大学院理学研究科博士後期課程修了、博士（理学）取得。専攻は宇宙物理学、特に近接連星における活動現象を専門とする。現在、兵庫県立大学西はりま天文台研究員。

著書に『天文アマチュアのための天体観測の教科書　変光星観測編』誠文堂新光社（共著）があるほか、雑誌『月刊天文ガイド』（誠文堂新光社）の変光星ガイド欄を担当している。

西はりま天文台の星空日記
世界最大の公開望遠鏡「なゆた」で見る星の世界へようこそ！

2024 年 9 月 13 日　初版 1 刷発行
著　者　大島誠人
発行者　岡林信一
発行所　あけび書房株式会社

〒 167-0054　東京都杉並区松庵 3-39-13-103
☎ 03-5888- 4142　FAX 03-5888-4448
info@akebishobo.com　https://akebishobo.com

印刷・製本／モリモト印刷
ISBN978-4-87154-271-5　C1044

## あけび書房の本

CO2削減と電力安定供給をどう両立させるか?
# 気候変動対策と原発・再エネ

岩井孝、歌川学、児玉一八、舘野淳、野口邦和、和田武著　ロシアの戦争でより明らかに!　エネルギー自給、原発からの撤退、残された時間がない気候変動対策の解決策。

2200 円

新型コロナからがん、放射線まで
# 科学リテラシーを磨くための7つの話

一ノ瀬正樹、児玉一八、小波秀雄、髙野徹、高橋久仁子、ナカイサヤカ、名取宏著　新型コロナと戦っているのに、逆に新たな危険を振りまくニセ医学・ニセ情報が広がっています。「この薬こそ新型コロナの特効薬」、「〇〇さえ食べればコロナは防げる」などなど。一見してデマとわかるものから、科学っぽい装いをしているものまでさまざまですが、信じてしまうと命まで失いかねません。そうならないためにどうしたらいいのか、本書は分かりやすく解説。

1980 円

子どもたちのために何ができるか
# 福島の甲状腺検査と過剰診断

高野徹、緑川早苗、大津留晶、菊池誠、児玉一八著　福島第一原子力発電所の事故がもたらした深刻な被害である県民健康調査による甲状腺がんの「過剰診断」。その最新の情報を提供し問題解決を提案。
【推薦】玄侑宗久

2200 円

忍びよるトンデモの正体
# カルト・オカルト

左巻健男、鈴木エイト、藤倉善郎編　豪華執筆陣でカルト・オカルト、ニセ科学・医療を徹底的に斬る!統一教会だけにとどまらず、トンデモを信じてしまう心理、科学とオカルトとの関係、たくさんあるニセ科学の中で今も蠢いているものの実態を探る。

2200 円